结构型胶结充填体损破演化机理与强度模型

汪 杰　宋卫东　付建新　张永芳　著

北 京

冶 金 工 业 出 版 社

2023

内 容 提 要

本书详细介绍了金属矿山阶段嗣后充填工艺、分层胶结充填体力学行为、损伤演化等内容，具体包括：胶结充填体力学特性；分层胶结充填体的室内力学试验研究；分层胶结充填体的声发射特性和破裂预测；分层胶结充填体的损伤本构模型；阶段嗣后充填采场充填体稳定性的数值模拟研究；分层胶结充填体强度需求研究；阶段嗣后分层充填工艺的现场应用。

本书可供矿业领域的工程技术人员阅读，也可供采矿等相关专业的师生参考。

图书在版编目（CIP）数据

结构型胶结充填体损破演化机理与强度模型/汪杰等著. —北京：冶金工业出版社，2023.1
ISBN 978-7-5024-9288-5

Ⅰ.①结…　Ⅱ.①汪…　Ⅲ.①胶结充填法—填充物—工程模型
Ⅳ.①TD853.34

中国版本图书馆 CIP 数据核字（2022）第 176899 号

结构型胶结充填体损破演化机理与强度模型

出版发行	冶金工业出版社		电　话	（010）64027926
地　址	北京市东城区嵩祝院北巷 39 号		邮　编	100009
网　址	www.mip1953.com		电子信箱	service@ mip1953.com

责任编辑　郭冬艳　美术编辑　燕展疆　版式设计　郑小利
责任校对　石　静　责任印制　禹　蕊
三河市双峰印刷装订有限公司印刷
2023 年 1 月第 1 版，2023 年 1 月第 1 次印刷
710mm×1000mm　1/16；9.5 印张；182 千字；140 页
定价 66.00 元

投稿电话　（010）64027932　投稿信箱　tougao@cnmip.com.cn
营销中心电话　（010）64044283
冶金工业出版社天猫旗舰店　yjgycbs.tmall.com
（本书如有印装质量问题，本社营销中心负责退换）

前　　言

　　金属矿产资源为我国社会高速发展提供了基础原料，对国家建设与国民经济稳步提升奠定了坚实的物质基础。当前，国家对绿色环保非常重视，反复强调"绿水青山就是金山银山"的发展理念，建设资源节约型和环境友好型绿色矿山是新时代矿业可持续发展的必由之路和必然选择。

　　随着矿山浅部资源的逐渐枯竭，金属矿深部开采将成为常态。充填采矿法是深部金属矿开采的首选方式。深部岩体是深部金属矿开采直接作用的载体，进入深部以后，岩体的非线性行为凸显，地应力状态与地应力环境作用显著增加，开采活动诱发的高应力、强卸荷和高量级的围岩变形，甚至破裂失稳等灾害更加凸显。采空区充填处置，充填体限制围岩的活动空间、抑制围岩变形及裂隙的持续扩展，对采空区围岩变形和损伤破裂具有重要的调控作用。

　　阶段嗣后充填采矿法将采场划分为矿房和矿柱，一步全阶段回采矿房，然后采用尾砂胶结充填整个大空区，待胶结充填体固结形成一定强度后，二步全阶段回采矿柱，最后采用尾砂非胶结充填矿柱采空区。显而易见，阶段嗣后充填采矿法兼具充填采矿法的安全和空场采矿法的高效，代表着未来大规模绿色采矿的发展方向，正被越来越多矿山采用。

　　阶段嗣后充填采矿法面临的核心问题是当二步矿柱回采时，一步矿房胶结充填体单侧或两侧被揭露，此时胶结充填体的稳定性至关重要。若一步矿房采空区全阶段采用高配比尾砂胶结充填，虽然胶结充填体稳定性有保障，不会发生垮塌等风险，但过高的配比会大大增加胶骨料的使用量，进而导致充填成本急剧上升，通常，充填成本占据整个矿石回采成本的一半以上。反之，若全阶段采用低配比尾砂胶结充填，当二步揭露时，胶结充填体稳定性难以保障，一旦胶结充填体发生垮塌，轻则造成二步矿柱无法回收，重则造成人员伤亡。

众所周知，采场中胶结充填体内部应力几乎与其高度呈线性负相关关系，充填体底部应力大，而充填体上部应力小，可根据充填体内部应力分布特征进行结构调控。采场底部采用高强度充填体，上部采用低强度充填体。这样可在一定程度上解决稳定性与成本之间的矛盾问题。

可见，阶段嗣后充填采矿法成功应用的关键在于胶结充填体的稳定性控制与结构优化。基于此，本书以阶段嗣后充填采场胶结充填体为研究对象，采用室内力学实验、声发射监测、数值模拟等技术手段，分析宏观力学行为与破坏模式，探索细、微观力学特性演化规律，定量表征损伤变量，构建损伤本构模型，揭示损伤演化规律及失稳破裂的内在机理。本书所述研究成果对于丰富充填力学理论、优化充填体强度、调控充填体稳定性等方面有一定的促进作用。

在本书出版之际，衷心感谢北京科技大学吴爱祥教授、蔡嗣经教授、胡乃联教授、高永涛教授、尹升华教授、王洪江教授在科研上给予的指导和帮助。

在本书编著过程中，武钢大冶铁矿、赤峰山金红岭有色矿业有限责任公司等有关单位提供了资料和数据，在此谨对上述单位表示谢意！

本书内容涉及的有关研究分别得到国家自然科学基金（51974012）、中国博士后科学基金（2021M690361）资助。

由于作者水平有限，书中不当之处，真诚希望广大读者提出宝贵意见。

著　者

2022 年 7 月

于北京科技大学

目　　录

1 概　　论

1.1　分层充填体稳定性研究的重要意义

地下金属矿山回采所产生的固体废弃物（尾砂、废石等）远远超过开采所获取的有用金属资源量，这些固体废弃物的产生不仅占用大量地表有用空间，其在井下开采所形成的采空区及在地表堆存所形成的尾矿库、排土场等更严重威胁着井下及矿区周边人民的生命财产安全，严重制约矿山可持续健康发展，且严重违背新时代"绿水青山，金山银山"的绿色发展理念。如何对矿山固体废弃物进行循环利用正逐渐成为矿业领域研究人员的关注焦点。

同时，随着国家综合实力的不断提升，人民生活水平得到了极大改善，人们对环境保护提出了更高的要求。充填采矿法是将矿石开采所产生的固体废弃物回填至井下采空区的一种安全环保的采矿方法，其不仅可大幅度减少地表固体废弃物的堆存，降低尾矿库和排土场的溃坝风险、节约地表空间资源，而且还可极大减少井下采空区的数量和规模，降低采空区围岩及顶板发生垮冒和坍塌等事故的风险，最大程度保护地表及井下人员的安全。由于充填采矿法在安全、环保等方面的显著优势，其在国内外金属矿山获得了广泛的应用且使用比例逐年提高，且有慢慢取代其他采矿方法的趋势，代表着"绿色矿山"未来的发展方向。

阶段嗣后充填采矿法以其在高效、环保等方面的显著优势，正被越来越多矿山所采用。矿石在开采过程中通常被划分为矿房和矿柱，第一步回采矿房，然后采用尾砂胶结充填矿房采空区，第二步回采相邻矿柱，此时胶结充填体单侧被揭露，其自立稳定性的研究成为学者们关注的重点。然而，在进行矿房大尺寸采空区充填处置时通常会逐段分层充填，即在其底部和顶部采用高灰砂比料浆充填，在其中间部位采用相对低的灰砂比料浆充填，这样大尺寸胶结充填体不仅具有高配比胶结充填体的强度特性，而且还能大大降低充填成本。然而，逐段分层充填势必造成胶结充填体出现分层面等结构特征（如图1-1所示），此外，在采空区充填过程中，充填管线通常悬挂于一侧围岩之上，这样易导致粗颗粒尾砂和高浓度料浆在靠近岩壁一侧累积，而细颗粒和低浓度料浆则流向岩壁另一侧，在胶结充填体完成固结排水后，其分层结构面容易形成一定的倾角（如图1-2所示），类似于岩石节理面，导致胶结充填体的完整性遭到破坏，其整体力学强度发生劣化效应，此类型胶结充填体被定义为"分层充填体"。

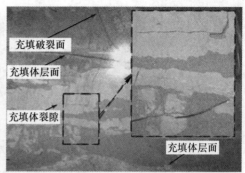

图 1-1　胶结充填体分层结构现象

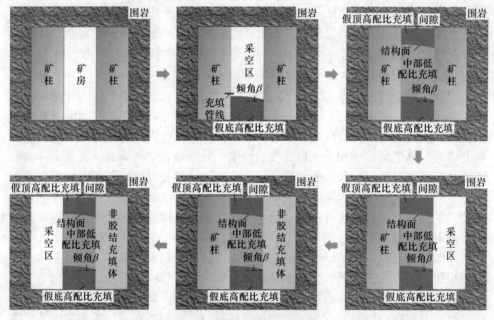

图 1-2　分层充填体形成过程

本书紧密围绕阶段嗣后充填采矿法中"分层胶结充填体"受力作用过程，在全面总结和分析国内外相关研究现状的基础上，借鉴完整胶结充填体力学特性研究思路和手段，构建"分层胶结充填体"标准试件，然后开展单轴压缩试验，同时借助声发射和 X 射线 CT 扫描技术，深入分析"分层胶结充填体"内部裂纹萌生及演化过程；同时基于应变等效假定和能量原理，构建分层胶结充填体损伤演化方程，从应变及能量角度解析其损伤演化机理；随后借助 FLAC3D 软件，构建"分层胶结充填体"实际工程模型，准确掌握采场实际条件下"分层胶结充填体"失稳破坏机制，最后根据大冶铁矿矿体结构形态及空间分布规律，采用解析计算和数值计算求解不同矿房采场分层胶结充填体中间层强度需求，最后根据胶结充填体内部应力及位移分布规律，对其结构特征进行优化调整。本书的研究有利于促进金属矿山充填体力学研究理论，可在一定程度为矿山安全生产提供理论支撑，具有重要的理论意义与实际价值。

1.2　胶结充填体力学特性研究现状

1.2.1　充填体强度影响因素研究

充填体强度特性是充填体最重要的物理性能，而其强度特征又受许多因素影响，一直以来学者们致力于强度影响因素研究，认为强度主要受以下几种因素影响：

（1）温度对胶结充填体强度的影响。Wang 等研究了不同初始温度对胶结充填体强度、屈服应力及自脱水性能的影响；Wu 等研究了温度、水压、化学组分对水泥粉煤灰充填体的力学性能影响；Jiang 等通过设置不同养护温度（10 ~ 50℃）和养护龄期（3d、7d、14d、28d 和 56d），研究温度和龄期对胶结充填体单轴抗压强度和超声波速率的影响；Xu 等研究了温度对掺纤维尾砂胶结充填体压缩强度、微观结构及破坏模式的影响；Fall 等研究了胶结充填体在不同温度下微观孔隙结构的变化；李凯兵研究了温度对胶结充填体单轴压缩力学行为及声发射特征的影响；门瑞营等借助数值模拟手段，同时结合试验研究，分析了胶结充填体的热-力损伤行为。

（2）养护龄期对胶结充填体强度的影响。胶结尾砂回填至井下采空区，需经过一定养护龄期才能达到设计强度，若胶结充填体尚未达到养护强度就进行后续开采，胶结充填体强度达不到自立要求或对采空区起不到较好的支撑作用，严重时可能导致采场坍塌、地表沉陷等事故，因此研究胶结充填体养护龄期对其强度特征的影响至关重要。刘永涛通过开展不同养护龄期胶结充填体物理力学试验，研究了龄期对胶结充填体力学特性及断口分形特征的影响；Zhou 等构建了不同龄期胶结充填体强度数学模型；Cao 等对含纤维尾砂胶结充填体早期强度特性进行了深入研究；Chen 等研究了不同养护龄期胶结充填体单轴抗压强度、抗拉强度、微观结构特征。

（3）内部添加材料对胶结充填体强度的影响。Xue 等对掺纤维尾砂胶结充填体力学特性开展试验研究，认为纤维的添加能提高胶结充填体韧性，峰值应变能提高 10% ~ 20%；Ayhan 等认为不同硫化物和添加剂含量影响胶结充填体的短期和长期的无侧限抗压强度；Li 等认为磷石膏对胶结充填体力学特性有重要影响；赵泽民等分析了尾矿粉对充填体力学性能和微观结构的影响。

1.2.2 充填体与围岩相互作用机理研究

充填体作为采空区支撑结构，不可能离开围压单独存在，其与周围岩体相互作用、相互依存，国内外学者对于充填体与围岩相互作用机理开展的大量的研究，国外学者 Brown、Brady、Kirsten 和 Stacey，Yamaguchi、Yamatomi 等以及国内学者于学馥、周先明、宋卫东和刘光生等都做了大量理论与试验研究，揭示了采场充填体与围岩的相互作用关系。充填体与围岩相互作用关系从两个角度分析：充填体对围岩变形破坏具有一定的限制作用，能在一定程度阻止围岩的变形和移动；充填体对冲击能量具有吸收、转移和隔离等作用，对围岩能起到一定的保护作用。

Hu 等借助断裂力学理论研究了充填体与岩体的力学作用关系，借助数值模拟分析了充填效果；R. G. Gurtunca 研究了 West Driefontein 金矿深井矿山原位充填体力学性能，定量地探讨了充填体与围岩力学作用；R. E. Gundersen、M. Q. W. Jones、C. A. Rawlins 通过研究表明，充填体充填深井采空区后，可以起到吸热和隔热的作用，对于减少热源热害，改善矿井环境有重要作用；王志国通过剪切破裂试验研究了充填体与围岩的组合模型在不同条件下的变形特征和红外辐射变化特征；于世波等通过现场监测及数值模拟研究得出胶结充填体支承上覆岩层的能力有限，但可以有效控制其移动变形。谭玉叶等借助试验手段，分析了充填体与围岩之间的应力-应变关系。

目前普遍认为，充填体对围岩的支撑作用分别为表面支护、局部支护和总体支护，图 1-3a 充填体对采场边界关键块体的位移施加运动约束，防止岩体在低应力条件下发生空间上的渐进破坏；图 1-3b 由邻近采矿活动引起的采场帮壁岩体的准连续性刚体位移，使充填体发挥被动抗力的作用，允许在采场周边产生很

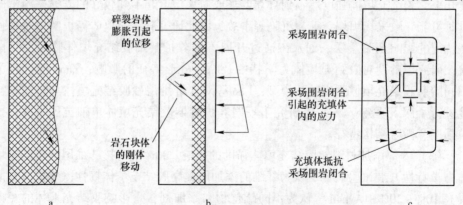

图 1-3 充填体与围岩相互作用关系

a—表面支护；b—局部支护；c—总体支护

高的局部应力梯度；图1-3c岩体与充填体交界面上采矿所诱导的位移将引起充填体的变形，充填体起到总体支护构件的作用，使得整个矿山近场区域中的应力状态降低。

1.3 胶结充填体声发射特性研究现状

在外部荷载作用条件下，充填体破坏过程中所表现出的声发射特性取决于充填体浓度、灰砂比和结构特性等影响因素。因此，研究不同类型充填体在压缩载荷条件下的声发射特性，对预测充填体失稳破坏具有重要意义。

1.3.1 胶结充填体破坏声发射特征

充填体在外部荷载作用下，内部产生微裂隙损伤向外释放能量，能量以声信号形式向外界释放，因此充填体声发射特性与其内部损伤演化过程具有密切联系，对加载全程进行声发射信号监测具有重要意义。国内外学者对充填体压缩过程声发射特性开展了大量研究，也取得了丰硕的成果。

程爱平等利用WAW-300微机电液伺服万能试验系统与DS2系列全信息声发射监测系统，监测了胶结充填体试样在单轴压缩过程中的应力、应变变化规律和声发射活动，根据振铃计数率、能率的阶段性特征，将加载过程声发射参数变化规律分为3个阶段：上升期、平静期和活跃期，进而研究声发射参数时空演化规律。

谢勇等对水泥分级尾砂胶结充填体开展了单轴压缩试验，同时对其声发射信号进行监测，研究分析了整个充填体压缩破坏过程中的声发射能率、声发射b值、声发射能率分形维数与时间的关系曲线、最后利用声发射b值和声发射能率分形维数作为现场监测充填体稳定性的指标，可为矿山现场安全监测提供比单一声发射参数更为有效的依据。

刘艳章等以程潮铁矿灰砂比为1∶6的全尾砂胶结充填体为研究对象，开展了充填体单轴压缩及声发射监测试验，得到充填体单轴压缩下的应力-应变曲线及声发射参数，采用能率和声发射事件对峰后应力-应变曲线特征及破坏过程进行了分析，认为充填体峰后声发射参数能较好地反映其应力-应变曲线特征及破坏过程。

朱胜唐通过对灰砂比为1∶4、1∶6、1∶8和1∶10的充填体试件分别进行了单轴压缩和劈裂破坏声发射试验，分析了充填体试件在整个加载过程中的变形破坏特征和破坏模式以及此过程中的声发射参数变化规律；并通过对充填体AE参数的b值及关联分形维数值的详细计算分析，进一步探讨了在不同应力作用下充填体试件内微裂纹的萌生、扩展的损伤演化状况。

刘永涛以灰砂比为 1∶6 的尾砂胶结充填体为研究对象，设定 15 种不同的养护龄期，开展不同龄期尾砂胶结充填体单轴压缩声发射特性研究，研究结果表明：3d 和 7d 的充填体试件单轴压缩过程中释放的声发射信号较少，随龄期增加，压缩全程声发射信号释放量不断增加。

Wang Jie 等考虑充填体分层结构特性，制作含不同结构特征的胶结充填体试件，然后开展单轴压缩声发射试验，探讨结构特性对胶结充填体声发射特征的影响。

Wu Jiangyu 等通过制作不同级配尾砂胶结充填体试件，然后开展单轴压缩试验，同时进行声发射监测，研究了级配规律对胶结充填体声发射特征影响，结果表明，胶结充填体声发射信号活动频率与尾砂级配规律呈正相关。骨料颗粒的 Talbot 指数和胶凝材料的种类和含量对 CTB 声发射信号所反映的裂纹损伤的影响主要表现在加载过程的压密阶段和线弹性阶段。

Cao Shuai 等以某金矿分级尾砂为原料，制作了 200 个胶结充填体试件，研究了养护龄期为 180d 的胶结充填体在 4 种加载速率（50N/s、100N/s、150N/s 和 200N/s）条件下的声发射特征，认为充填体的应力状态在峰值抗压强度前呈"阶梯式"增长，整个过程表现为"激增-稳定-激增-稳定"的多循环特征。另外，在加载过程中，振铃计数呈峰值间距效应分布规律，累积振铃计数呈"阶梯状"分布规律，然后趋于稳定。

Zhao Kang 等通过单轴压缩和劈裂破坏试验，研究了声发射事件率、振铃计数率和应力-时间的关系。在整个破坏过程中，三种不同配比（1∶4、1∶6 和 1∶8）的充填体的声发射活动随加载时间和应力变化规律而发生一定的变化。当灰砂比为 1∶4 时，最大声发射事件发生在加载时间达到 300s 后，即峰值应力之后。当灰砂比为 1∶6 时，最大声发射出现在 250s，对应于峰值应力。当灰砂比为 1∶8 时，最大声发射发生时间为 200s，即峰值应力出现之前。

Gong Cong 等通过对胶结充填体进行单轴循环加、卸载试验，研究了微裂纹演化特征和微裂纹演化各阶段的 AE 分形特征。结果显示，在微孔洞压密阶段，AE 能量值和分形维值很高；正相反，在微裂隙压密阶段，AE 能量值和分形维值最低。

Wu Di 等对养护龄期为 1d，3d 和 7d，养护温度为 20℃，50℃，75℃和 90℃ 的胶结尾砂充填体开展单轴压缩声发射监测试验。分析了养护龄期和温度对胶结充填体声发射特征的影响，研究结论有助于更好地了解胶结充填体热-力-声学行为，从而为矿山充填体稳定性设计提供理论依据。

1.3.2 胶结充填体破坏声发射预测

胶结充填体变形破坏过程实质是能量不断转换的过程，在外载外用下，充填体不断吸收能量并聚集产生弹性能，当内部能量聚集超过其弹性极限后，其内部开始产生裂纹，并向外界释放能量，能量以声信号的形式被传感器所接收，不同应力状态对应不同能量释放规律，因此可通过对声发射信号的监测来判断充填体内部应力状态，进而对其失稳破坏进行有效预测。

赵奎等对3种不同浓度胶结充填体试件进行单轴压缩声发射试验，重点研究了试件破坏过程中的声发射振铃计数、声发射累计撞击数与声发射累计能量的比值（r 值）、主频及其相对高频信号激增响应系数特征。根据充填体破坏前兆声发射信号特征，对充填体稳定性预测提供了依据。

程爱平等对胶结充填体单轴压缩过程中声发射信号进行监测，并利用振铃计数率、能率参数，结合尖点突变理论构建了胶结充填体破裂预测模型，进而开展胶结充填体破裂预测分析，预测结果与试验结果一致。研究结果为人工矿柱稳定性监测和破裂预测提供了依据。

徐晓冬等以能量演化特征为切入点，基于尖点突变理论构建了充填体失稳预警模型，随后针对不同灰砂比充填体开展单轴压缩声发射验证试验。根据模型求出的预警区间与声发射参数的前兆特征所处时间高度一致，进一步验证了该方法的合理性及普适性，为充填体的失稳预警研究提供了一种新的思路。

梁学健等对不同灰砂比胶结充填体试件开展单轴压缩声发射监测试验，通过频谱分析计数，采用时频域结合分析对试验结果进行深入剖析。认为峰值应力前，胶结充填体低频信号明显减少，中、高频信号明显增加这一特征可作为充填体失稳破坏的前兆信息，并可根据前兆信息对胶结充填体压缩破坏进行预测分析。

胡京涛通过室内单轴压缩尾砂胶结充填体声发射试验，先后采用分形理论、相对强弱指标法和长程相关性理论对胶结充填体声发射数据进行处理和分析，最后建立了声发射预测尾砂胶结充填体失稳破坏的判据，为矿山充填体稳定性设计提供了一定的参考依据。

杨天雨根据胶结充填体受压特征，开展循环荷载作用下胶结充填体损伤特性及声发射特性试验研究，利用声发射揭示充填体损伤破坏机理，得到了尾砂胶结充填体灰砂比与损伤变量之间的内在联系，并利用不同声发射参数分形维数来表征胶结充填体内部损伤进程，为矿山胶结充填体失稳破坏预测提供了基础理论依据。

谢勇对灰砂比为 1∶4 和 1∶8 的水泥尾砂胶结充填体进行了单轴压缩和劈裂破坏的声发射试验，分析了充填体试样的变形破坏模式，并得到了充填体试样在破坏过程中的声发射参数的特征规律，在此基础上，通过对声发射参数的 b 值和关联分形维数值的计算分析，得到了充填体试样在不同应力作用下裂纹萌生与扩展的损伤演化行为，并提出了充填体失稳破坏的预测依据。

1.4　胶结充填体损伤本构模型研究现状

损伤力学是近年来发展起来的一门新学科，这门学科是材料与结构的变形及破坏理论的重要组成部分。损伤是指材料或结构在荷载或外界环境作用下，由于材料内部细观结构存在弱相（孔隙、孔洞以及微裂纹）致使材料内部、表面或结构产生劣化的过程。对于损伤力学的研究主要集中在两个方面：一方面是连续介质损伤力学，是从宏观的唯象角度出发，利用连续热力学等方法，通过引入损伤变量构造出材料的损伤演化方程和本构关系，使理论预测值与试验结果一致，并不考虑损伤的物理意义和材料细观结构的变化；另一方面是细观损伤力学，是从材料的细观结构（颗粒、晶体、孔洞等）出发，按细观损伤机制的不同进行分类（比如微裂纹、微孔洞、微滑移带等），来研究材料变形破坏过程细观结构变化的物理与力学过程，并从细观分析的结果推导出材料的宏观性质，进而解决相关的损伤力学问题。目前，损伤力学在充填体方面已有较为广泛的应用，国内外学者基于不同加载方式，针对胶结充填体构建了以下两种类型损伤本构模型。

1.4.1　胶结充填体静力学损伤本构模型

充填体损伤演化特征是充填体力学特性研究的重要内容，充填体失稳破坏过程实质是其内部损伤不断累积的过程，因此研究充填体损伤演化特征对了解其破坏进程非常重要。国内外学者针对胶结充填体损伤本构模型开展了大量研究并取得了丰硕的成果。

Wang Jie 等针对含结构特征的胶结充填体，借助 Lemaitre 应变等效假定，并假设胶结充填体颗粒强度服从 Weibull 分布规律，构建了分层胶结充填体损伤演化方程。然后将分层胶结充填体等效为牛顿体和损伤体的组合模型，进而推导了分层胶结充填体损伤本构模型，模型计算结果与试验结果较为吻合。

Yang Lei 等基于胶结充填体三轴压缩试验数据，标定了胶结充填体Holmquist-Johnson-Cook（HJC）本构模型参数，基于构建的胶结充填体 HJC 本构模型，借助 LS-DYNA 数值软件对开展了胶结充填体霍普金森压杆试验。

Qi Congcong 等提出了一种新的数据挖掘方法，该方法基于随机森林（RF）和萤火虫算法（FA），可以对大量数据进行非线性和复杂关系建模，RF 用于胶结充填体本构关系的建模，FA 用于调整 RF 参数。最后基于此方法建立了一种考虑灰砂比、料浆浓度和养护时间耦合作用的影响的胶结充填体本构模型。

Fu Jianxin 等针对 4 种不同分层的胶结充填体试件开展三轴压缩试验，提出了初始损伤和分层损伤的概念，并借助损伤力学理论和全微分法则，构建了考虑分层和荷载耦合作用下的胶结充填体损伤本构模型。

YU Genbo 等将胶结充填体等效为连续介质，基于应变等价原理，构建了胶结充填体损伤演化方程和损伤本构方程。考虑到单轴压缩时损伤也传递应力，引入损伤修正参数，得到含有修正参数的损伤演化本构方程。基于单轴压缩试验数据，在一定的损伤修正参数下，验证了理论曲线与实验曲线的一致性。

R. Gao 等通过 5 种类型的废石胶结充填体单轴压缩试验结果，基于损伤力学理论，推导了 5 种不同灰砂比胶结充填体损伤本构方程，结合试验数据，验证了所构建本构方程的可靠性。

周科平等通过离心试验产生渗透压力，开展不同渗透力胶结充填体单轴压缩试验，根据材料微元损伤破坏服从 Weibull 分布规律，建立了渗透力作用下的胶结充填体损伤软化统计本构模型，并采用试验所测得数据对模型进行了验证。

Qiu Jingping 等通过胶结充填体室内力学试验，分析其应力-应变曲线变化规律，结合损伤力学构建了胶结充填体峰前本构模型，为胶结充填体强度井下设计提供了理论依据。

邓代强等对不同灰砂比胶结充填体开展单轴压缩试验，根据试验数据，借助 Weibull 分布理论及损伤理论，构建了不同灰砂比胶结充填体损伤本构模型，并对胶结充填体损伤演化规律进行了深入分析。

吴珊等根据 4 种胶结充填体三轴压缩应力-应变曲线及其物理力学参数，按照 Mohr-Coulomb 准则，借助弹塑性理论和 Mises 屈服准则，构建了胶结充填体线弹性-弹塑-塑性软化-理想塑性的本构模型。

王勇等通过开展不同初温条件下的胶结膏体单轴试验，根据胶结膏体应力-应变曲线和理论理论推导，建立了不同初始温度下胶结膏体损伤本构模型，通过本构模型参数回归，提出了胶结膏体温度-时间耦合损伤本构模型。

1.4.2 胶结充填体蠕变损伤本构模型

大量工程实践表明，胶结充填体的破坏和失稳过程具有明显的时间效应，其蠕变特性是导致胶结充填体出现"时滞性"破坏现象的一个主要原因。已有许多学者开展了胶结充填体蠕变损伤研究。

程爱平等通过对标准胶结充填体试件进行分级蠕变加载试验，探讨了不同应力水平下胶结充填体蠕变变形特征。同时，考虑应力水平和损伤的影响，通过引入损伤变量、新的二次黏性元件和开关元件，构建了能表征不同应力水平的胶结充填体蠕变 Burgers 模型，并结合试验数据验证了模型的可靠性。

郭瑞凯等通过在广义开尔文体中引入分数阶黏性元件来模拟胶结充填体蠕变过程，进而建立了胶结充填体蠕变本构模型，同时根据试验数据对所构建的蠕变本构方程进行参数辨识，并将构建的蠕变本构方程导入岩土数值计算软件 FLAC3D 中进行数值计算，结果表明所构建的蠕变本构模型计算结果能很好地拟合试验数据。

Sun Qi 等通过开展胶结充填体三轴蠕变试验，在试验基础上推导了考虑时间和应力 2 个变量的损伤演化方程，将损伤变量引入改进的西原模型中，建立了新的蠕变损伤本构模型，进而推导了胶结充填体三维蠕变损伤本构方程。将理论计算的蠕变曲线与试验得到的蠕变曲线进行了对比，结果表明，引入损伤的改进西原模型能较好地反映胶结充填体的蠕变规律。

利坚以胶结充填体单轴压缩强度为依据，对全尾砂胶结充填体试件进行了单轴逐级加载蠕变试验，根据试验结果分析了胶结充填体蠕变特征，并构建了蠕变损伤本构模型，拟合蠕变数据表明，理论曲线与试验曲线能较好吻合。

邹威等对最优配合比的胶结充填体开展不同百分比荷载下的单轴蠕变试验，分析了胶结充填体蠕变特性，并认为充填体具有显著的蠕变行为，包括瞬时变形、衰减蠕变阶段、等速蠕变阶段和加速蠕变阶段。

赵树果等对胶结充填体开展单轴压缩蠕变试验，并假定胶结充填体微元破坏概率与轴向应变存在关系，服从 Weibull 统计分布，结合试验结果，确定了可描述胶结充填体损伤演化过程的损伤变量，将损伤变量引入 Burgers 模型中，建立了胶结充填体蠕变统计损伤本构模型，借助 MATLAB 软件确定了蠕变参数。结果表明：所建立的蠕变损伤本构模型曲线与试验曲线较为吻合。

郭皓等以水泥、粉煤灰、煤矸石为原料制备胶结充填体，并开展分级加载蠕变试验，根据试验结果，采用一种新的损伤模型推导出基于 Burgers 模型的蠕变损伤本构方程，使用 Origin 软件拟合得到蠕变参数，结果表明：建立的模型曲线与试验结果吻合良好，该蠕变损伤模型能够较好反映考虑损伤的胶结充填。

1.5 胶结充填体强度需求研究现状

胶结充填体稳定性研究实质是求解不同采场结构条件下的胶结充填体强度需求，过低的强度会导致胶结充填体发生失稳垮塌，威胁井下人员和设备安全，而过高的强度会导致充填成本大大增加，不符合低成本精细化开采的要求，因此，求解不同条件下胶结充填体强度需求对于合理优化充填体配比至关重要。最常用的胶结充填体强度需求计算方式有两种，分别为解析计算法和数值模拟法。

1.5.1 强度需求解析计算

解析计算法是计算确定采场胶结充填体强度需求的一种快速便捷有效的方法，它可以根据现有计算公式，代入采场结构参数及采场岩体、充填体力学参数进行快速求解。目前针对阶段嗣后充填采矿法中胶结充填体自立强度需求的计算主要有以下几种理论和方法：

（1）自重法。自重法仅考虑重力的影响，认为胶结充填体内部竖向应力分布与高度呈线性函数关系（内部竖向应力 $\sigma_{zz} = \gamma h$，其中 γ 是充填体的容重，kN/m³；h 是自充填体表面开始计算的埋深，m），这样充填体在不同埋深有不同的强度需求值，充填体强度需求随埋深的增加而增加，在采场最底部的充填体内部应力最大，因此其强度需求也最大为 γH（H 为采场高度，m）。

（2）滑坡法。对于单侧揭露的胶结充填体，假设胶结充填体中存在一个由揭露面底脚贯穿胶结充填体至胶结充填体上表面的潜在滑动平面，此时揭露充填体与平面滑动边坡稳定性模型类似，可采用平面滑坡法进行充填体强度需求解析计算。在此模型中，沿潜在滑动面上的剪应力 τ 与滑动体的自重应力分量达到平衡状态，即 $\tau = (\gamma H \sin 2\alpha)/4$，其中 α 是充填体潜在滑动面与水平面的夹角。若此时充填体处于极限平衡状态（安全系数 $F = 1.0$），忽略充填体内摩擦角 φ，仅考虑充填体内聚力 c，此时单侧揭露胶结充填体的强度需求为 $\sigma_c = \gamma H/2$。

（3）Mitchell 法。Mitchell 等针对单侧揭露胶结充填体稳定性情况，提出了一种基于极限平衡法的解析计算模型。此模型中假定胶结充填体沿一个贯穿充填体后壁的平面发生滑动。且考虑充填体与侧壁围岩的接触黏结作用，不考虑充填体与后壁围岩的接触黏结作用，推导得到了单侧揭露胶结充填体强度需求计算公式：

$$\sigma_c = \frac{1}{2M} \cdot \frac{\gamma L (F\tan\alpha - \tan\varphi)\left(H - \dfrac{B\tan\alpha}{2}\right)\sin 2\alpha}{L\tan\alpha + r_s(F\tan\alpha - \tan\varphi)\left(H - \dfrac{B\tan\alpha}{2}\right)\sin 2\alpha} \tag{1-1}$$

式中　σ_c——单侧揭露胶结充填体保持自立所需的单轴抗压强度，kPa；

F——极限平衡模型中单侧揭露胶结充填体的安全系数；

L——胶结充填体揭露面长度，m；

B——胶结充填体的宽度，m；

H——胶结充填体的高度，m；

γ——胶结充填体的容重，kN/m³；

M——胶结充填体内聚力 c 与其单轴抗压强度 σ_c 的比值（$M = c/\sigma_c$），该比值与胶结充填体物理力学参数相关，在 Mitchell 法中取值 $M = 0.5$，张传信等的研究中 M 的取值范围为 0.18~0.5；

φ——胶结充填体内摩擦角，（°）；

α——胶结充填体滑动面与水平面的夹角，（°）；

r_s——胶结充填体与侧壁围岩接触面上的黏聚力 c_s 和充填体内聚力 c 的比值（$r_s = c_s/c$），Mitchell 取值 $r_s = 1$。

（4）Smith 法。Smith 等考虑了矿体倾角的影响，提出了单侧揭露倾斜胶结充填体强度需求模型，并推导了单侧揭露倾斜胶结充填体安全系数计算公式：

$$F = \frac{c_b}{\gamma L \sin^2\theta} + \frac{2c_b\sqrt{9\left(h_c - t\right)^2 + h_c^2}}{\gamma h_c(h_c + t)\sin\theta} \tag{1-2}$$

式中　F——单侧揭露倾角胶结充填体安全系数；

　　　L——倾斜胶结充填体揭露面长度，m；

　　　h_c——潜在滑动体在揭露面上的高度，m；

　　　t——倾斜胶结充填体内部的拉裂缝高度，m；

　　　γ——胶结充填体容重，kN/m^3；

　　　c_b——倾斜胶结充填体与下盘围岩接触面上的黏聚力（Smith 等假定该黏
　　　　　聚力等于充填体内聚力）。

1.5.2　强度需求数值模拟

近年来，随着数值软件在采矿领域的推广应用，越来越多的学者借助数值软件开展胶结充填体强度需求计算分析。

Abtin 等借助 FLAC3D 数值软件，构建了考虑矿体倾角的三维数值模型，分别分析了采场长度、采场宽度、矿体倾角、充填体内摩擦角等对胶结充填体内部水平应力和垂直应力分布的影响，最后将数值计算结果与覆重法计算结果和理论推导计算结果进行了对比分析。发现数值计算结果与理论推导结果比较吻合，但覆重法计算结果明显偏大。

Li Li 等构建了倾斜采场 FLAC 二维模型，重点分析了采场几何形状、充填体特性和充填顺序对胶结充填体应力分布的影响。结果显示，对于给定的采场几何形态，胶结充填体应力分布最大影响因素为充填体剪切强度参数（内聚力 c 和内摩擦角 φ）、泊松比 μ 和剪胀角 ψ。其中一些参数不仅影响应力大小，而且还影响应力分布模式，这种分布模式也取决于充填顺序。

Dirige 等为验证倾斜采场充填体单侧揭露后的强度需求解析方法，借助 FLAC3D 数值软件模拟了单个倾斜采场充填体揭露后的稳定性情况。其研究表明，倾斜采场中揭露充填体的滑动破坏主要由充填体自重引起，下盘围岩和充填体的摩擦作用在阻止充填体滑动破坏时发挥了主要作用。

Karim 等利用 3DEC 模拟分析了阶段空场嗣后充填法中膏体充填体的稳定性情况，建立了采场充填体数值模型，最后根据采场不同尺寸情况给出了对应的充填体强度需求值。

1.5.3　强度需求经验预测

高阶段嗣后充填采矿技术已在很多矿山成功应用，表 1-1 是国内外相关矿山充填体侧向暴露面积及充填配比设计情况。从统计数据分析，矿柱回采过程中胶结充填体垂直暴露高度 40~140m，侧向暴露面积（暴露长度×暴露高度）在 1500~1600m² 。各矿山所采用的胶结充填配比相差比较大，澳大利亚芒特艾萨矿开采深度近 1000m，充填体垂直暴露高度达 100m（平均），设计充填配比为 1:（11~15），我国凡口铅锌矿开采深度为 400~500m，充填体垂直暴露高度为 40m，所采用的充填配比为 1:（8~10），白银深部铜矿开采深度 500m 左右，充填体垂直暴露高度为 60m，设计充填配比为 1:（4~10）。与国外相比，我国在高阶段充填体配比设计中趋于保守。

表 1-1　国内外部分使用高阶段充填采矿法的矿山统计

矿山名称	采场尺寸（长×宽×高）/m×m×m	侧向暴露面积/m²	充填材料及配比	开采深度/m	充填体强度/MPa
芒特艾萨铜矿（澳大利亚）	30×30×100	3000	块石胶结充填 尾砂胶结充填 1:（11.5~15）	900	2.2（块石） 1.1（尾砂）
新布罗肯希尔矿（加拿大）	40×6.1×45	1800	尾砂胶结充填 1:（16~20）		0.78
克莱顿矿（加拿大）	15×15×91	1400	尾砂胶结充填 1:16	2000	
奥基普铜矿（南非）	30×30×91	2730	尾砂胶结充填 1:15	850~1550	
加尹铜矿（俄罗斯）	50×20×90	4500	尾砂胶结充填 1:8~1:10		
塔拉铅锌矿（爱尔兰）	40×12.5×80	1600~4800	尾砂胶结充填 1:6~1:16	450	1.0~4.0
鲁比尔斯铜铅矿（西班牙）	25×20×60	1500	尾砂胶结充填 1:5~1:16	600	
凡口铅锌矿（中国）	35×8×40	1400	尾砂胶结充填 1:8~1:10	400~500	2.5
大厂铜坑锡矿（中国）	80×18×50	1656	块石胶结 1:5~1:15	400	1.40~3.60

矿山名称	采场尺寸 (长×宽×高)/m×m×m	侧向暴露 面积/m²	充填材料及 配比	开采 深度/m	充填体 强度/MPa
白银深部铜矿 (中国)	60×20×60	3900	分级尾砂胶结 1∶4~1∶10	500	1.0~5.0
安庆铜矿	50×15×120	6000	分级尾砂胶结 1∶4~1∶12	600	0.81~4.0

1.6　研究内容及技术路线

1.6.1　研究内容

本书主要研究内容如下：

(1) 分层胶结充填体单轴压缩试验。考虑结构特征和灰砂比等主要影响因素，设计不同类型的分层胶结充填体试件，借助 GAW-2000 伺服试验系统开展单轴压缩试验研究，探索分层胶结充填体单轴压缩强度、弹性模量等力学参数与各影响因素之间的定量表征关系。同时，重点分析了不同类型试件能量演化规律及破坏模式。

(2) 分层胶结充填体声发射监测和 CT 扫描试验。选取典型分层胶结充填体试件，在单轴压缩同时进行声发射信号监测，获取试件加载全程声发射参数，在压缩破坏后进行内部裂纹 CT 扫描分析。根据监测获取的声发射特征参数，追踪声发射源位置，分析试件破坏全程内部裂纹时空演化规律；根据 CT 扫描获得的二维高清图片，分析试件内部孔隙特征和裂纹空间分布规律。

(3) 分层胶结充填体损伤本构方程构建。构建分层胶结充填体损伤本构方程。基于应变等效假定，认为胶结充填体微元颗粒服从 Weibull 分布，引入初始分层损伤和荷载损伤概念，构建了分层胶结充填体损伤演化方程和损伤本构方程。基于构建的损伤本构方程，对分层胶结充填体损伤演化机理进行了深入分析。

(4) 单侧揭露分层胶结充填体稳定性数值分析。结合现场充填实际，构建了考虑结构特征（分层结构和结构面倾角）的采场胶结充填体三维数值模型，基于室内试验结果，输入数值模型各组构力学参数，然后进行单侧矿柱开挖，计算平衡后，分析胶结充填体内部竖向应力和水平应力空间分布特征，同时监测胶结充填体揭露面中线的竖向位移和水平位移，结合应力和位移变化规律，对采场分层胶结充填体稳定性状态进行综合研判。

（5）前壁揭露、后壁受压的分层胶结充填体强度模型研究。基于 Mohr-Coulomb 强度准则，充分考虑胶结充填体结构特性、中间层力学特性、后壁侧压系数及侧壁黏结作用等因素，建立了胶结充填体大深宽比条件下上部楔形滑动体三种不同情形的三维解析计算模型。借助三维解析模型，得到不同条件下分层胶结充填体安全系数和强度需求。

（6）分层胶结充填体强度与结构优化研究及应用。根据大冶铁矿矿体结构形态及空间分布规律，构建矿体 FLAC3D 三维数值模型和三维解析模型，代入矿岩及充填体力学参数，计算求解不同矿房胶结充填体强度实际需求，并根据充填体内部应力及位移分布规律对分层胶结充填体结构进行优化调整，并最终应用于大冶铁矿。

1.6.2 研究方法和技术路线

本书研究采用室内力学试验、理论分析、数值模拟和现场工程实际分析相结合的研究方法，探究分层胶结充填体力学特性、能量演化特征、破坏模式、损伤演化规律和稳定性状态，具体研究方法如下：

（1）文献阅览和现场科研感悟。大量阅览相关文献并思考不足之处，结合现场科研实践，发现实际问题，探索研究目的与意义。

（2）室内力学实验。开展分层充填体单轴力学压缩试验，获得力学和声发射实验数据。在压缩同时进行声发射信号监测，获取声发射特征参数，深入研究内部裂纹时空演化机理；在压缩破坏之后进行内部裂纹 CT 扫描，获取其孔隙结构特征及裂纹空间分布规律。

（3）理论推导。根据应变等效假定，推导并构建了层状结构胶结充填体损伤演化方程和损伤本构方程。利用所构建的损伤本构方程，深入分析分层胶结充填体内部损伤演化机理。

（4）数值模拟。结合采场实际，构建考虑结构特征的胶结充填体数值模型，代入参数进行单侧矿柱开挖，平衡后观察充填体内部应力和位移变化规律，分析充填体整体稳定状态。

（5）现场工业试验。选取大冶铁矿为工程背景，对研究结论进行现场工业验证。通过迭代求解与反复调试计算，得到一步矿房采场分层胶结充填体中间层强度需求，最后对每个采场充填体结构特征进行优化调整。

整体技术路线遵循室内力学试验、理论推导分析和数值模拟研究，最后进行工程实际分析，具体技术路线如图 1-4 所示。

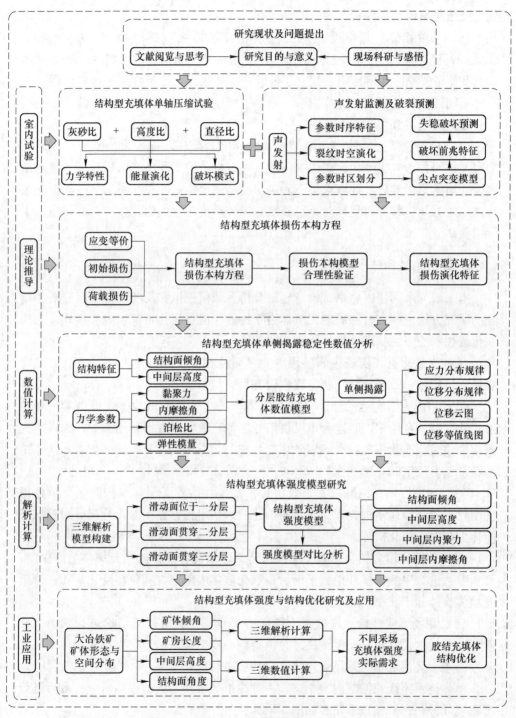

图 1-4 技术路线图

2　分层充填体宏观力学特性

2.1　引　言

在阶段嗣后充填开采过程中，采空区规模较大，若整个采空区采用高强度胶结充填体充填，将大大增加充填成本，不利于矿山的可持续发展。如果整个采空区采用低强度胶结充填体充填，在相邻采场开采扰动下充填体可能发生失稳破坏，威胁井下人员和设备的安全。因此，合理设计大型胶结充填体的结构和强度是稳定性控制的关键。目前，许多矿山采用分层充填的方法来解决这类问题，即在采空区底部和顶部采用高灰砂比料浆充填，形成假底和假顶结构，在采空区中部采用低灰砂比料浆充填体，这样胶结充填体整体强度得到改善而充填成本会大大降低。然而，与完整充填体的单一介质不同，分层胶结充填体由上、中、下三部分组成，不仅具有结构特征，而且各部分充填体之间力学特性具有显著差异。因此，研究分层胶结充填体的整体力学性能和损伤演化规律，对控制其失稳破坏具有重要意义。

通常，充填体的力学性能主要由两个因素决定：内部基质比例和外部结构特征。关于基质配比对充填体力学性能的影响，国内外学者通常分析灰砂比、水灰比和料浆浓度对充填体力学性能的影响。如 Cao 等通过单轴压缩试验，分析了灰砂比对胶结充填体强度特性、能量演化和损伤特性的影响。Wu 等对胶结胶结充填体进行了大量的单轴压缩试验，分析了水泥种类和掺量对其力学性能的影响。然后，通过拟合函数分析，发现胶结充填体的单轴抗压强度与水泥含量呈线性正相关。Kesimal 研究了胶结剂含量对胶结充填体强度的影响，发现胶结充填体短期强度随水灰比的降低而增大。对于结构因素的影响，研究者大多集中于研究具有相同结构成分的层状胶结充填体。Wang 等认为分层数对胶结充填体的强度和损伤演化有很大影响。

2.2　试验材料和方法

2.2.1　试验材料物理、化学特性

采用SA-CP3粒度分析仪对干燥后的尾矿试件进行粒度测试。尾矿粒度分布

曲线如图 2-1 所示。尾砂平均粒径为 144.26μm。

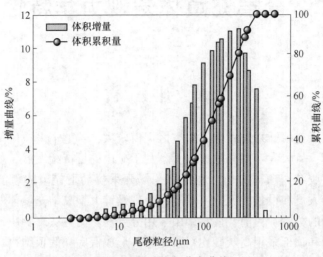

图 2-1　尾砂粒径分布曲线

利用 X 射线衍射仪对尾矿的化学成分进行了分析，结果见表 2-1。尾矿的主要矿物成分为二氧化硅和氧化铝，分别占 65.7% 和 14.3%。这些主要成分（二氧化硅、氧化铝和氧化钙等）通常有利于提高胶结尾砂充填体的黏结力和强度。胶结剂为普通硅酸盐水泥 42.5R，混合水为自来水。

表 2-1　尾砂化学成分

成分	SiO_2	Al_2O_3	CaO	MgO	P	S	Fe	Au
含量（质量分数）/%	65.7	14.3	1.88	0.49	0.08	0.13	3.05	<0.01

2.2.2　试验过程

分层充填体试件设计为上、中、下 3 层，其中上、下两层的灰砂比设计为 1:4，中间层设计为四种灰砂比和 4 种高度比。所有层状料浆浓度均设计为 75%。共设计 16 组试件，每组 3 个，共 48 个试件。试验方案如图 2-2（c/t 表示灰砂比）和表 2-2 所示。

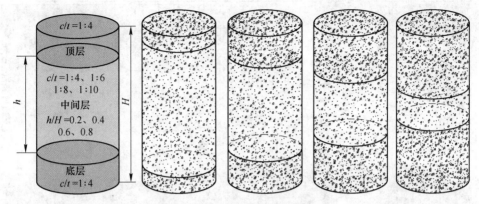

图 2-2 分层充填体试件示意图

表 2-2 分层充填体单轴压缩试验方案设计

编号	高度比	灰砂比	编号	高度比	灰砂比
L-0.2-4	0.2	1：4	L-0.2-8	0.2	1：8
L-0.4-4	0.4	1：4	L-0.4-8	0.4	1：8
L-0.6-4	0.6	1：4	L-0.6-8	0.6	1：8
L-0.8-4	0.8	1：4	L-0.8-8	0.8	1：8
L-0.2-6	0.2	1：6	L-0.2-10	0.2	1：10
L-0.4-6	0.4	1：6	L-0.4-10	0.4	1：10
L-0.6-6	0.6	1：6	L-0.6-10	0.6	1：10
L-0.8-6	0.8	1：6	L-0.8-10	0.8	1：10

　　分层充填体分三步制备。第一步：将尾砂、水泥、自来水按 75% 的料浆浓度和 1：4 的灰砂比混合搅拌至少 5min，然后将混合料浆倒入直径为 50mm、高度为 100mm 的透明塑料模具至指定高度，制作试件第一分层。第二步：间隔 24h 后，将质量浓度为 75%、灰砂比分别为 1：4、1：6、1：8、1：10 的尾砂、水泥、自来水混合至少 5min，然后将料浆倒入塑料模具内至指定高度（$h/H = 0.2$、0.4、0.6、0.8），制作试件第二分层。第三步：间隔 24h 后，将尾砂、水泥、自来水以 75% 的浓度和 1：4 的灰砂比混合 5min 以上，然后将料浆倒入塑料模具内至高度为 100mm，制作试件最后一分层。然后将制备好的分层充填体试件置于恒温（20℃±5℃）、恒湿（90%±5%）的养护箱中 58d 备用。分层充填体试件的制作流程如图 2-3 所示。

　　单轴压缩试验采用北京科技大学结构实验室 GAW-2000 电液伺服试验装置。加载速率保持为 0.5mm/min 不变，直至试件被压缩破坏。试验系统可以自动记

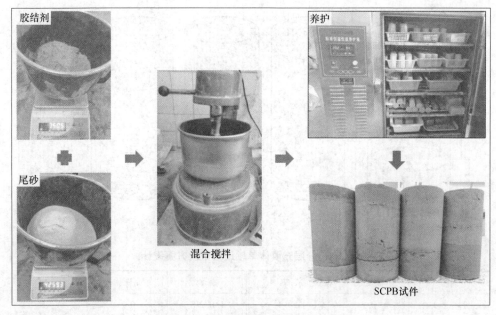

图 2-3 分层充填体试件制作流程

录加载过程中的应力、应变数据，试验结束后可以将记录的试验数据以 Excel 格式输出。单轴压缩试验设备如图 2-4 所示。

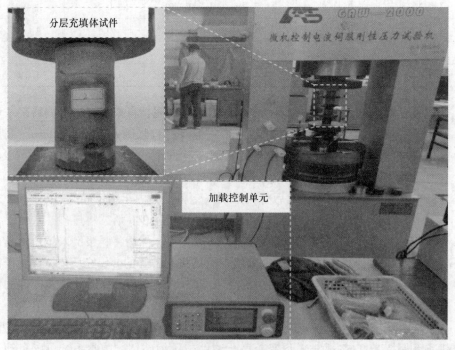

图 2-4 单轴压缩试验系统

利用北京科技大学的 CT 装置（见图 2-5）观察充填体试件的内部裂纹分布。计算机断层扫描（CT）是一种成像系统，用于观察岩石和充填材料在压缩后的内部裂缝分布。X 射线 CT 技术在医学和岩土工程研究领域已经应用多年。对于 CT，分辨率是光子源的大小、源与试件之间的距离、试件与探测器之间的距离以及放大后探测器元件的尺寸和间距的函数。试件的大小和成分清楚地控制着光子的衰减。如果被测试件过大或过密，则捕获探测器的光子数量可能不足以产生高质量图像。有关 X 射线计算机断层扫描的更多信息，请参阅有关文献。

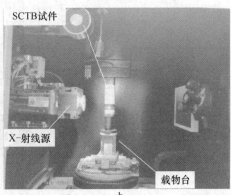

图 2-5　X 射线 CT 扫描设备

a—CT 扫描系统全貌；b—CT 扫描系统内部结构

2.3　分层充填体力学特性分析

灰砂比分别为 1∶4、1∶6、1∶8、1∶10、高度比分别为 0.2、0.4、0.6、0.8 的分层充填体试件的常规单轴抗压强度（UCS）和弹性模量如表 2-3 所示。从表 2-3 可以看出，分层充填体试件的单轴抗压强度和弹性模量随灰砂比的增大而增大，随高度比的增大而减小。

表 2-3　分层充填体单轴抗压强度和弹性模量

试件编号	单轴抗压强度/MPa	弹性模量/MPa	试件编号	单轴抗压强度/MPa	弹性模量/MPa
L-0.2-4	6.15	233.4	L-0.2-8	4.81	185.0
L-0.4-4	5.98	230.6	L-0.4-8	4.72	182.2
L-0.6-4	5.95	224.9	L-0.6-8	4.66	173.6

试件编号	单轴抗压强度/MPa	弹性模量/MPa	试件编号	单轴抗压强度/MPa	弹性模量/MPa
L-0. 8-4	5.57	216.8	L-0. 8-8	4.65	169.2
L-0. 2-6	5.23	211.8	L-0. 2-10	4.64	166.8
L-0. 4-6	5.14	203.6	L-0. 4-10	4.37	161.8
L-0. 6-6	5.13	199.9	L-0. 6-10	4.30	153.9
L-0. 8-6	4.94	191.2	L-0. 8-10	3.95	144.9

2.3.1　单轴抗压强度分析

图 2-6 为四种不同灰砂比下分层充填体的单轴抗压强度随高度比的变化规律。由图可知，在一定的灰砂比下，试件的单轴抗压强度随高度比的增大而减小。对于灰砂比为 1∶4 的分层充填体，在 0.2 的高度比下，试件的单轴抗压强度为 6.15MPa。当高度比增加至 0.4 时，同类试件的单轴抗压强度下降到5.98MPa，单轴抗压强度下降 2.8%。将高度比分别增加到 0.6 和 0.8，试件的单轴抗压强度分别降至 5.95MPa 和 5.57MPa，单轴抗压强度分别降低了 3.3% 和9.4%。同样，灰砂比为 1∶6 的 LCTB 试件在 0.2、0.4、0.6 和 0.8 的高度比下，其单轴抗压强度分别为 5.23MPa、5.14MPa、5.13MPa 和 4.94MPa，降低了1.7%、1.9% 和 5.5%。当灰砂比为 1∶8 时，LCTB 试件的单轴抗压强度分别降低了 1.9%、3.1% 和 3.3%。当灰砂比为 1∶10 时，LCTB 试件的单轴抗压强度分别降低了 5.8%、7.3% 和 14.9%。

以上结果表明，分层充填体的强度随高度比的增大而降低，灰砂比越小，单轴抗压强度随高度比的变化越明显。分层充填体失稳破坏是由其内部裂纹的产生和扩展引起的。由于外部能量的输入，内部裂纹首先出现在低强度区，然后逐渐扩展并贯穿整个试件，导致整体破坏。高度比越大，试件内部低强度区所占比例越大，裂纹越容易在试件内部集中，导致整体强度降低。当灰砂比较低时，由于内部强度差的增大，分层充填体更容易发生压缩破坏。因此，当灰砂比变小时，分层充填体单轴抗压强度对高度比的变化更为敏感。

线性、指数、对数和幂函数用于拟合分层充填体的单轴抗压强度与高度比之间的内在关系。结果见表 2-4。根据表 2-4 可知，四个函数的拟合复相关系数（R^2）的平均值分别为 0.897、0.962、0.908 和 0.849。因此，认为指数函数可以更好地表征 LCTB 试件的高度比与单轴抗压强度之间的内在关系。

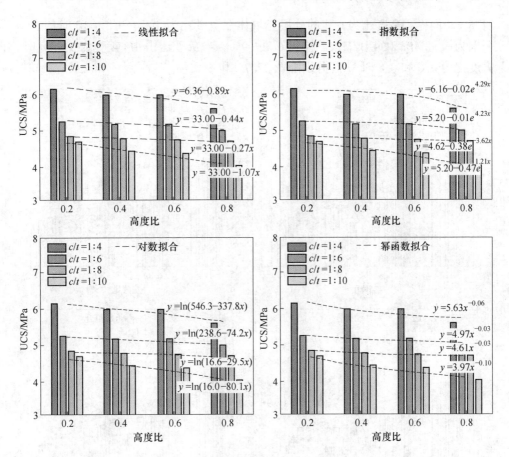

图 2-6 分层充填体单轴抗压强度与高度比的关系

表 2-4 分层充填体单轴抗压强度拟合结果

复相关系数 （R^2）	灰 砂 比				平均值
	1：4	1：6	1：8	1：10	
线性函数	0.872	0.868	0.900	0.946	0.897
指数函数	0.954	0.945	0.993	0.954	0.962
对数函数	0.907	0.885	0.885	0.956	0.908
幂函数	0.761	0.766	0.981	0.886	0.849

图 2-7 显示了在四种不同的高度比下，分层充填体的 UCS 随灰砂比的变化规律。如预期，在给定的高度比下，随着灰砂比的降低，分层充填体的 UCS 减小。特别地，对于高度比为 0.2 的分层充填体，在灰砂比为 1：4 时，UCS 为 6.15MPa。当灰砂比降低 1：10 时，同一试件的 UCS 降至 4.64MPa，UCS 下降了

24.6%。同样，高度比为 0.4 的分层充填体在灰砂比为 1∶4 和 1∶10 时的 UCS 分别为 5.98MPa 和 4.37MPa，降低了 26.9%。当灰砂比由 1∶4 变为 1∶10 时，高度比为 0.6 和 0.8 时 UCS 分别降低 27.7% 和 29.1%。

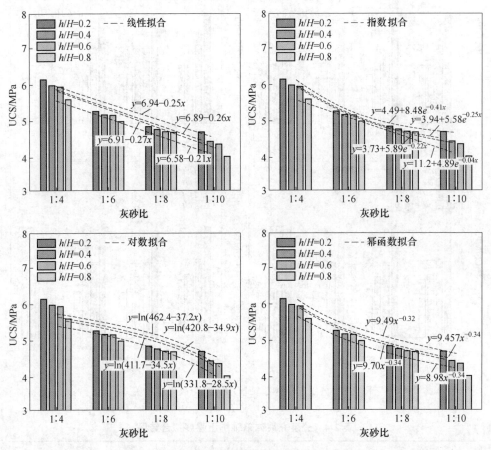

图 2-7 分层充填体单轴抗压强度与灰砂比的关系

上述研究结果表明，当高度比不变时，分层充填体的 UCS 随灰砂比的减小而减小。应力和裂纹模式遵循最小阻力的路径，裂纹会在薄弱区域产生。因此，随着灰砂比的降低，微裂纹通常在低强度区形成，然后扩展到整个试件中。此外，胶结充填体的强度取决于其最薄弱的结构。因此，UCS 通常由试件内部的低强度区决定，随着灰砂比的降低，试件的内部强度越小，整体强度越小。

类似地，使用线性、指数、对数和幂函数分析分层充填体的 UCS 与灰砂比之间的关系，结果如表 2-5 所示。表 2-5 显示，指数函数的拟合复相关系数（R^2）高于其他三个函数。因此，可以认为，分层充填体的 UCS 与其灰砂比呈指数函数关系。

表 2-5　分层充填体单轴抗压强度拟合结果

复相关系数 (R^2)	高度比				平均值
	0.2	0.4	0.6	0.8	
线性函数	0.895	0.954	0.963	0.978	0.948
指数函数	0.999	0.998	0.999	0.979	0.994
对数函数	0.760	0.844	0.853	0.958	0.854
幂函数	0.977	0.998	0.999	0.944	0.980

　　图 2-8 为分层充填体的 UCS 等高线图。一般来说，分层充填体的 UCS 随灰砂比的增大而增大，随高度比的增大而减小。另外，从图 2-8 可以看出，红线几乎平行于 x 轴，垂直于 y 轴，说明 x 轴的高度比对 UCS 的影响较小，而 y 轴的灰砂比对 UCS 的影响较大，说明 UCS 对灰砂比更敏感。

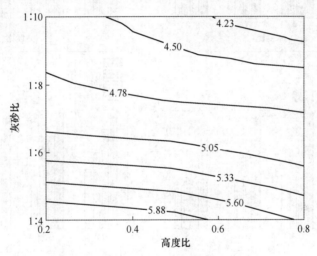

图 2-8　分层充填体单轴抗压强度等值线图

2.3.2　弹性模量分析

　　图 2-9 显示了分层充填体的高度比与弹性模量之间的直方图曲线。由图 2-9 可以看出，弹性模量随高度比的增大而减小。具体来说，分层充填体的高度比从 0.2 增加到 0.8，灰砂比为 1:4、1:6、1:8 和 1:10 时，分层充填体的弹性模量分别从 233.4MPa 下降到 216.8MPa、211.8MPa 下降到 191.2MPa、185.0MPa 下降到 169.2MPa、166.8MPa 下降到 144.9MPa。下降率分别为 7.1%、9.7%、8.5% 和 13.1%。这种行为可以解释为分层充填体两端的刚度较大，中间区域的刚度较小。当高度比增大时，意味着中低刚度区的比例增大，导致整体刚度减小。

采用线性、指数、对数和幂函数拟合方法，研究了分层充填体的弹性模量与高度比之间的内在关系。结果见表 2-6。四个函数的拟合复相关系数（R^2）的平均值分别为 0.971、0.987、0.971 和 0.887，指数函数的拟合度最高。因此，分层充填体的弹性模量与高度比之间的内在关系也可以用指数函数来定量表征。

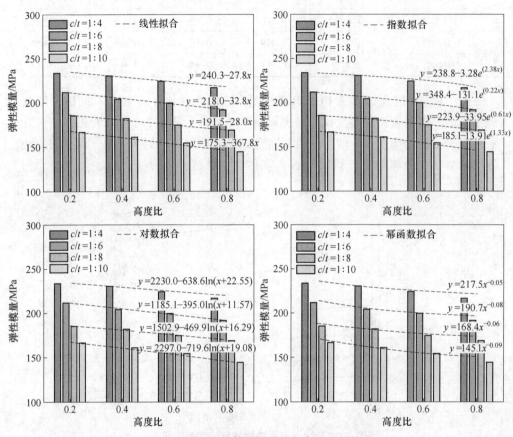

图 2-9　分层充填体弹性模量与高度比的关系

表 2-6　分层充填体弹性模量拟合结果

复相关系数（R^2）	灰 砂 比				平均值
	1∶4	1∶6	1∶8	1∶10	
线性函数	0.956	0.979	0.965	0.985	0.971
指数函数	0.999	0.979	0.969	0.999	0.987
对数函数	0.955	0.979	0.965	0.984	0.971
幂函数	0.835	0.940	0.885	0.888	0.887

图 2-10 显示了分层充填体的灰砂比与弹性模量之间的直方图。由图 2-10 可以看出，分层充填体的弹性模量随灰砂比的减小而减小，灰砂比对分层充填体的弹性模量有显著影响。分层充填体的灰砂比由 1∶4 下降到 1∶10，高度比为 0.2、0.4、0.6 和 0.8 的弹性模量由 233.4MPa 下降到 166.8MPa，由 230.6MPa 下降到 161.8MPa，由 224.9MPa 下降到 153.9MPa，由 216.8MPa 下降到 144.9MPa，下降率分别为 28.5%、29.8%、31.6% 和 33.2%。可见，灰砂比对分层充填体弹性模量的影响很大。这是因为分层充填体的整体刚度特性在很大程度上取决于低刚度区。随着中间层灰砂比的减小，中间层的刚度减小，整体刚度随之减小。表 2-7 显示了四种不同函数下分层充填体弹性模量与灰砂比定量关系的拟合结果。结果表明，四个函数的复相关系数（R^2）的平均值分别为 0.996、0.998、0.998 和 0.976。指数函数和对数函数的拟合度优于线性函数和幂函数。因此，分层充填体的弹性模量与其灰砂比的内在关系可以用指数函数或对数函数来定量表征。

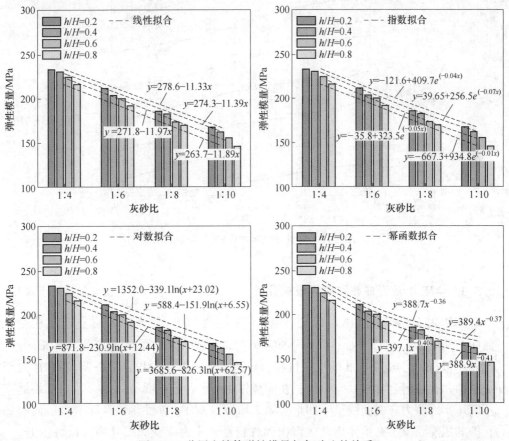

图 2-10 分层充填体弹性模量与灰砂比的关系

表 2-7 分层充填体弹性模量拟合结果

复相关系数 (R^2)	高 度 比				平均值
	0.2	0.4	0.6	0.8	
线性函数	0.995	0.995	0.996	0.999	0.996
指数函数	0.996	0.999	0.999	0.999	0.998
对数函数	0.996	0.999	0.998	0.999	0.998
幂函数	0.971	0.986	0.978	0.970	0.976

图 2-11 为分层充填体的弹性模量等值线图。分层充填体的弹性模量随灰砂比的增大而增大，随高度比的增大而减小。此外，从图 2-11 可以看出，等值线几乎平行于 x 轴，垂直于 y 轴，这表明 x 轴的高度比对弹性模量的影响较小，而 y 轴的灰砂比对弹性模量的影响较大。

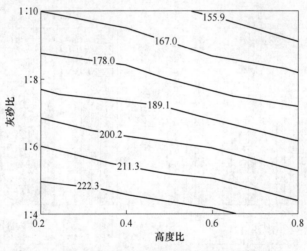

图 2-11 分层充填体弹性模量等值线图

2.3.3 全应力-应变曲线和破坏模式分析

图 2-12 显示了高度比为 0.4、四种不同灰砂比的分层充填体的全应力-应变曲线。从图 2-12 可以看出，具有不同灰砂比的分层充填体的峰值应变几乎相同。此外，根据应力-应变曲线的发展过程，大致可分为四个阶段：第一阶段（OA）：分层面和孔隙闭合阶段。此阶段，在荷载作用下，各分层面持续闭合，内部裂缝不断压实。应力应变曲线呈下凹形。第二阶段（AB）：弹性阶段。随着分层面和孔隙的压实，分层充填体逐渐表现出弹性特性，应力应变曲线几乎呈线性上升。如果此时卸载，在该阶段产生的应变可完全恢复。第三阶段（BC）：屈服阶段。

当载荷超过分层充填体的弹性极限时，试件开始屈服，应力应变曲线呈上凸形。
第四阶段（CD）：峰后阶段。当荷载超过试件的极限承载力时，试件发生失稳破
坏，但由于试件的残余强度，应力应变曲线并没有迅速减小，而是缓慢向前延伸。

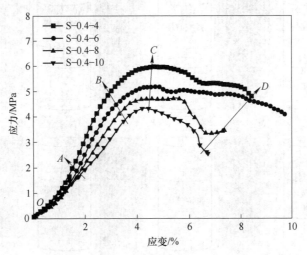

图 2-12　分层充填体体全应力-应变曲线

　　对破坏的试件进行拍照，并绘制出主要裂纹分布图，如图 2-13 所示。图
2-13a 显示了高度比为 0.2、不同灰砂比的分层充填体的破坏模式。当灰砂比为
1∶4 时，有两条明显的拉伸裂纹从中低强度区向试件底部逐渐扩展。当灰砂比为
1∶6 和 1∶8 时，只有一条明显的拉伸裂纹从试件中部向顶部扩展。当灰砂比降
至 1∶10 时，由于试件强度差异较大，试件中部开始脱落，上部发生剪切破坏。
图 2-13b 显示了不同灰砂比，高度比为 0.4 的分层充填体的破坏模式。当灰砂比
为 1∶4、1∶6、1∶8 时，试件出现明显的拉伸破坏，拉伸裂纹均从试件中部向
顶部扩展。但当灰砂比降至 1∶10 时，试件中部开始出现剪切破坏，剪切裂纹由
中部向底部逐渐扩展。图 2-13c 显示了高度比为 0.6 的分层充填体在不同灰砂比
下的破坏模式，此类试件的破坏模式与高度比为 0.2 和 0.4 的试件的破坏模式类
似。然而，当高度比增加到 0.8（见图 2-13d）时，试件的损伤加剧，裂纹增加。
当灰砂比为 1∶4 时，试件表面分布有少量的拉伸裂纹。当灰砂比降低到 1∶6
时，发生剪切破坏，剪切裂缝主要集中在中部。当灰砂比降低到 1∶8 和 1∶10
时，试件中部积累了大量的拉伸裂纹和剪切裂纹，试件中间部位脱落，试件损伤
严重。

　　通常，分层充填体的破坏首先出现在中部低强度区，然后逐渐扩展到试件的
两端，导致试件的整体破坏。当灰砂比不变，高度比变化时，试件的破坏特征相
似。当高度比不变，灰砂比变化时，试件的破坏特征明显不同。在高灰砂比下，

试件主要表现为拉伸破坏，裂纹数量较少。在低灰砂比下，试件主要表现为拉剪联合破坏，裂纹数量明显增多，中部出现大片脱落。

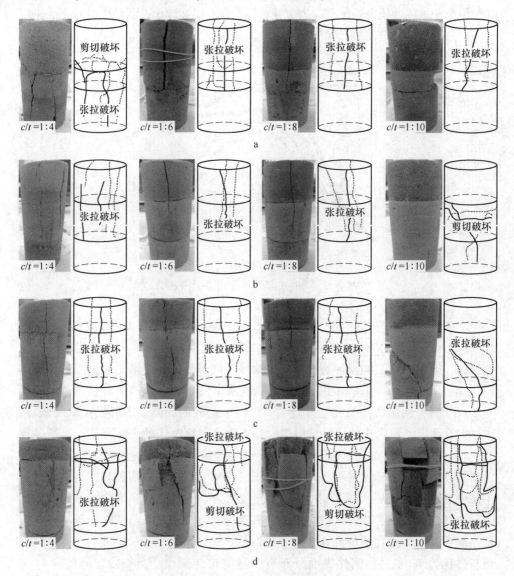

图 2-13　分层充填体的破坏模式

a—高度比=0.2；b—高度比=0.4；c—高度比=0.6；d—高度比=0.8

2.3.4　能量演化特征分析

从能量角度，充填体的变形破坏实质上是外部能量输入、弹性能量积累到能量耗散和能量释放的过程。外部荷载对充填体做功，一部分能量转化为弹性能储存在充填体中，另一部分作为耗散能释放到外部。两种能量可由以下公式计算：

$$U = U_e + U_d \tag{2-1}$$

$$U_d = \int \sigma_1 d\varepsilon_1 \tag{2-2}$$

$$U_e = \frac{\sigma_1^2}{2E} \tag{2-3}$$

式中，U 为本构能；U_e 为弹性能；U_d 为耗散能；σ_1 和 ε_1 为轴向应力和轴向应变；E 为弹性模量。

不同灰砂比和高度比的分层充填体的应力应变曲线和能量曲线的演化趋势基本相同。选择 4 个高度比为 0.4 的不同分层充填体进行分析，如图 2-14 所示。

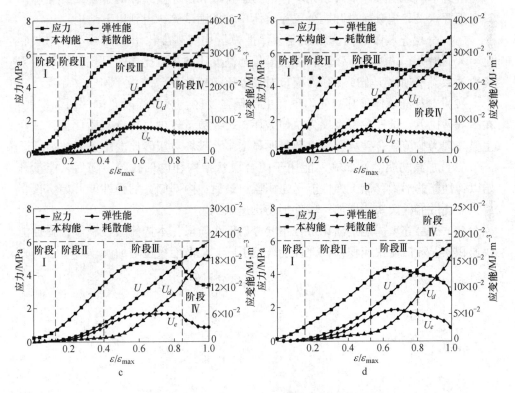

图 2-14 高度比为 0.4 的分层充填体能量演化规律
a—c/t = 1∶4；b—c/t = 1∶6；c—c/t = 1∶8；d—c/t = 1∶10

加载初期，应力-应变曲线呈凹形，外部载荷输入的能量主要用于闭合层状结构和压实内部孔隙结构。当分层面闭合，内部孔隙结构被压密时，外部输入的能量开始以弹性能的形式存储在分层充填体中。弹性能迅速积累，而耗散能仅略有增加。继续施加载荷，载荷缓慢接近试件的弹性极限，弹性能量积累开始减少，耗散能量开始迅速增加，此时试件内部开始发生损伤。当外载荷超过试件的弹性极限时，试件内部储存的弹性能开始缓慢释放，而耗散能继续快速增加，试件损伤迅速累积。当外载荷达到并超过试件的峰值载荷时，试件的弹性能降至最小，耗散能的增长速率减慢，试件逐渐失稳破坏。一般而言，在持续的外部荷载作用下，分层充填体主要经历以下四个阶段：本构能缓慢积累；弹性能快速积累；耗散能快速积累；弹性能缓慢下降、耗散能缓慢增加。

2.4　本章小结

了解不同结构条件下胶结充填体的力学特性和破坏模式，对合理设计充填体具有重要意义。本章通过开展分层充填体单轴压缩试验，得到以下结论：

（1）分层充填体单轴抗压强度和弹性模量均随高度比增加而减小、随灰砂比增大而增大，单轴抗压强度和弹性模量与高度比和灰砂比之间呈现较好的指数函数关系，单轴抗压强度和弹性模量对灰砂比敏感性更高。

（2）分层充填体破坏首先出现在中部低强度区，然后逐渐向试件两端扩展。在高灰砂比下，试样主要表现为拉伸破坏，裂纹数量较少。在低灰砂比下，试样主要表现为拉剪联合破坏，裂纹数量明显增多。破坏对灰砂比变化更为敏感。

（3）加载初期，外部输入能用于闭合层状结构和内部孔隙；随后，能量开始以弹性能的形式存储，弹性能迅速积累；最后，内部储存的弹性能开始缓慢释放，而耗散能继续快速增加，试件损伤迅速累积。

（4）分层充填体能量演化过程主要经历四个阶段：本构能缓慢积累；弹性能快速积累；耗散能快速积累；弹性能缓慢下降、耗散能缓慢增加。

3 分层充填体声发射定位及损伤破裂预测

3.1 引　言

众所周知，岩石、充填体等材料在压缩全程均伴随着声发射信号的释放。国内外学者针对岩石、煤和充填体等材料的声发射特征现象开展了大量的研究工作，并取得了丰硕的成果。研究内容涉及声发射参数时序特征、声发射事件定位特征、声发射损伤演化规律研究以及声发射参数破裂预测等方面。

龚囤等通过胶结充填体声发射加卸载试验，研究了声发射 b 值大小与裂纹演化快慢之间的关系；孙光华等基于声发射能率，构建了胶结充填体损伤本构方程；刘希灵等通过大理岩和花岗岩的巴西劈裂试验，探讨了劈裂荷载下岩石声发射特性与微观破裂机制的关系；苏晓波等研究了岩石在巴西劈裂条件下变形的空间差异性与声发射分数维间的关系；程爱平等通过开展胶结充填体单轴压缩声发射监测试验，分析了声发射事件时空演化规律；Zhao 等开展了胶结充填体单轴压缩和巴西劈裂试验，分析其振铃计数率和声发射事件率演化规律；Wu 等研究了加载速率和围岩对节理岩体声发射特征的影响；Cao 等模拟采矿诱导的静态和动态荷载，对岩石开展不同加载速率的单轴压缩试验，研究其损伤及声发射定位特征；Du 等对煤岩组合模型开展三轴压缩试验，同时监测其声发射信号，研究煤岩组合体在变形破坏过程中的声发射特征行为。

通过国内学者研究现状不难发现，目前针对岩石材料的声发射研究已较为成熟，与此同时，学者们开始慢慢借鉴岩石声发射技术来研究胶结充填体声发射行为。本书借鉴其他学者的研究经验，开展分层胶结充填体单轴压缩声发射定位试验，分析分层充填体声发射参数的时序特征，同时探讨其内部裂纹时空演化规律，揭示分层充填体在压缩荷载作用下，其内部裂纹演化机理，揭示其损伤行为，与此同时借助尖点突变模型，结合声发射特征参数，对分层充填体损伤破裂进行预测。

3.2　分层充填体声发射定位试验

3.2.1　试件准备

本章节主要针对 2.2 节中的分层充填体进行单轴压缩过程中的声发射信号监

测。选取总共 4 组试件进行单轴压缩声发射信号监测，试件编号如表 3-1 所示。单轴压缩声发射试验设备如图 3-1 所示。

表 3-1　声发射试件编号

试件类型	试件编号	灰砂比	高度比/半径比
分层充填体	L-0.2-6	1：6	0.2
	L-0.6-6	1：6	0.6
	L-0.4-6	1：6	0.4
	L-0.4-10	1：10	0.4

图 3-1　载荷-位移-声发射综合采集系统

3.2.2　声发射监测

声发射是一种无损检测方法，广泛应用于故障诊断、裂纹监测、油气泄漏监测等领域。采用 PCI-2AE 监测系统对两种分层胶结充填体试件在加载过程中的 AE 信号进行监测。声发射探头为压电陶瓷声发射传感器，增益和阈值为 45dB。声发射传感器分布于试件的侧面，其位置分布如图 3-2 所示，声发射信号由传感器接收，通过声发射仪器预放大、放电和去噪，形成声发射参数（声发射计数、声发射计数率、能量计数、能量计数率等）。

然而，由于本书所研究的声发射监测对象是由两种不同力学特性的充填体组合而成的，声波在不同力学介质中的传播速度不同，当声波通过两种不同介质的界面时会发生折射，因此有必要对声波在组合材料中的传播特性进行简要分析。

图 3-2 显示了声发射源在分层充填体中的传播路径。从图 3-2 可以看出，由于折射现象，声波在分层充填体中的实际传播路径是 OIS 而不是 OS。那么声波

在分层充填体中的实际传播时间 T_{OIS} 可以表示为:

$$T_{OIS} = T_{OI} + T_{IS} = \frac{L_{OI}}{v_1} + \frac{L_{IS}}{v_2} \tag{3-1}$$

式中,T_{OIS} 为声波在分层充填体中的真实传播时间;T_{OI} 和 T_{IS} 分别为声波在材料 1 和材料 2 中的传播时间;L_{OI} 和 L_{IS} 分别为声波在材料 1 和材料 2 中的传播路径;v_1 和 v_2 分别为声波在材料 1 和材料 2 中的传播速率。

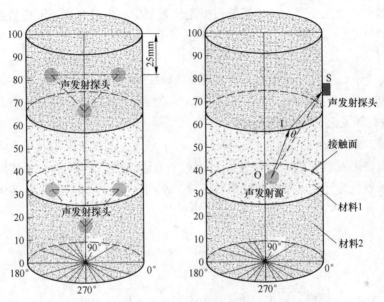

图 3-2 声发射探头位置分布及声源传播路径示意图

材料 1 和材料 2 的声学测试表明,虽然声波在两种介质中的传播速度存在差异,但这种差异与传播速度相比可忽略不计。因此,声波通过两种介质分界面时产生的折射角可以忽略不计,并可表示为:

$$v \approx v_1 \approx v_2 \tag{3-2}$$

$$L_{OS} \approx L_{OI} + L_{IS} \tag{3-3}$$

式中,v 为声波在分层充填体中传播的平均速率;L_{OS} 为声波在分层充填体中传播的真实路径。

因此,在进行声发射源定位试验时,分层充填体可以等效为均匀介质,这样得到的定位误差与试验误差相比可以忽略不计。

3.2.3 声发射定位原理

声发射的定位算法有很多,常见的有最小二乘法、相对定位法、Geiger 定位法和单纯形定位方法等。Geiger 定位法是 Gauss-Newton 最小拟合函数的应用之一，适用于小区域地震事件。本书为实验室尺度的煤岩组合体的破坏，因此采用 Geiger 定位算法来确定声发射位置。Geiger 定位法是基于最小二乘法，对给定初始点的位置坐标 θ 进行反复迭代，每一次迭代都获得一个修正向量 $\Delta\theta$，把 $\Delta\theta$ 叠加到上次迭代的结果上，得到一个新的试验点，然后判断该点是否满足要求。如果满足要求，则该点即为所求声发射位置；如不满足，则继续迭代，直到满足要求为止。

试验中可将几个声发射传感器按一定位置固定，通过测定不同位置各个传感器拾取 P 波的相对时差，从而实现对声发射事件的定位，即：

$$(x_i - x_0)^2 + (y_i - y_0)^2 + (z_i - z_0)^2 = v_p^2 (t_i - t_0)^2 \tag{3-4}$$

式中，x_i、y_i、z_i 为第 i 个接收到 P 波的传感器的坐标值；x_0、y_0、z_0 为试验点坐标值（初始值人为设定）；v_p 为 P 波波速；t_i 为第 i 个传感器接收到 P 波的时间；t_0 为声发射源发出信号的时间。

式（3-4）中有 4 个未知量，即 x_i、y_i、z_i 和 t_i，因此至少通过 4 个不共面的传感器确定声发射源的空间位置。对于第 i 个传感器监测到 P 波到达时间 $t_{0,i}$，可用试验点坐标计算出的达到时间的一阶 Tayor 展开式表示：

$$t_{0,i} = t_{c,i} + \frac{\partial t_i}{\partial x}\Delta x + \frac{\partial t_i}{\partial y}\Delta y + \frac{\partial t_i}{\partial z}\Delta z + \frac{\partial t_i}{\partial t}\Delta t \tag{3-5}$$

其中：

$$\begin{cases} \dfrac{\partial t_i}{\partial x} = \dfrac{x_i - x}{v_p R}, \ \dfrac{\partial t_i}{\partial t} = \dfrac{y_i - y}{v_p R}, \ \dfrac{\partial t_i}{\partial t} = \dfrac{z_i - z}{v_p R}, \ \dfrac{\partial t_i}{\partial t} = 1 \\ R = \sqrt{(x_i - x)^2 + (y_i - y)^2 + (z_i - z)^2} \end{cases} \tag{3-6}$$

式中，$t_{0,i}$ 为由试验点坐标计算出的 P 波到达第 i 个传感器的时间。

对于 n 个传感器，就可以得到 n 个方程，写成矩阵的形式为：

$$\begin{bmatrix} \dfrac{\partial t_1}{\partial x} & \dfrac{\partial t_1}{\partial y} & \dfrac{\partial t_1}{\partial z} & 1 \\ \dfrac{\partial t_2}{\partial x} & \dfrac{\partial t_2}{\partial y} & \dfrac{\partial t_2}{\partial z} & 1 \\ \vdots & \vdots & \vdots & \vdots \\ \dfrac{\partial t_n}{\partial x} & \dfrac{\partial t_n}{\partial y} & \dfrac{\partial t_n}{\partial z} & 1 \end{bmatrix} \begin{Bmatrix} \Delta x \\ \Delta y \\ \Delta z \\ \Delta t \end{Bmatrix} = \begin{Bmatrix} t_{0,1} - t_{c,1} \\ t_{0,2} - t_{c,2} \\ \vdots \\ t_{0,n} - t_{c,n} \end{Bmatrix} \tag{3-7}$$

用 Gauss 消元法求解式（3-7）可得修正向量 $\Delta\theta = [\Delta x, \Delta y, \Delta z, \Delta t]$。通过对每一个可能的声发射源坐标矩阵形式计算求出修正向量 $\Delta\theta$ 后，以 $(\theta+\Delta\theta)$ 为新的试验点继续迭代，直到满足误差要求，该坐标即可确定为声发射源的最终定位坐标。

3.3 分层充填体声发射参数演化规律

材料在载荷作用下释放声发射信号的过程实质上是材料吸收能量并产生裂纹的过程。因此，可以通过监测材料的声发射信号来分析内部裂纹的演化规律。

3.3.1 AE 振铃计数时序演化规律

充填体在外荷载作用下释放的声发射信号与内部微裂纹的形成和扩展密切相关，声发射信号可以反映充填体中的损伤演化过程。高度比为 0.2 和 0.4，灰砂比为 1:6 的 LCTB 试件的荷载-时间-振铃计数曲线如图 3-3 所示。

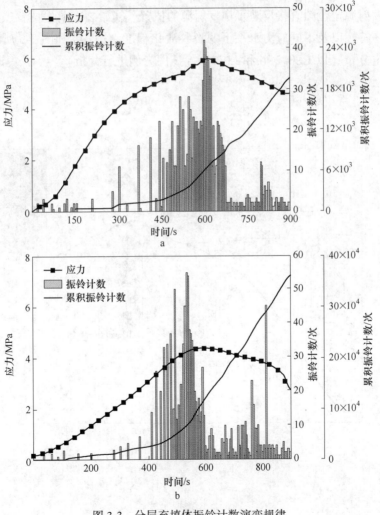

图 3-3 分层充填体振铃计数演变规律

a—L-0.2-6；b—L-0.4-6

图 3-3 显示，不同分层充填体在变形和破坏过程中的声发射振铃数变化特征基本相似。加载初期，分层充填体的裂纹被压缩闭合，声发射振铃计数较少。随着载荷的增加，新裂纹形成，新旧裂纹同时扩展，声发射振铃计数快速增加。在接近峰值时，分层充填体接近破坏，声发射振铃计数大大增加。试件出现宏观破坏后，声发射振铃计数逐渐减少。此外，当高度比恒定时，灰砂比越大，分层充填体的累积声发射振铃计数越多。在相同的灰砂比下，高度比越大，试件的累积声发射振铃计数越多。这表明，当低强度区在分层充填体中的占比越大，试件破坏越严重。

3.3.2 AE 事件时空演化规律

声发射源定位图直接反映了声发射源的位置、初始裂纹萌生位置、胶结充填体的损伤特性以及不同应力水平下的裂纹演化程度。图 3-4 和图 3-5 所示为声发射源时空分布（以 L-0.2-6 和 L-0.4-6 试件为例进行分析）。

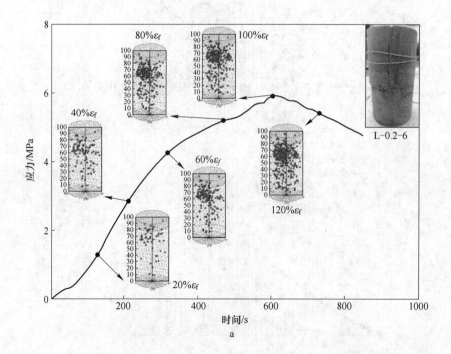

a

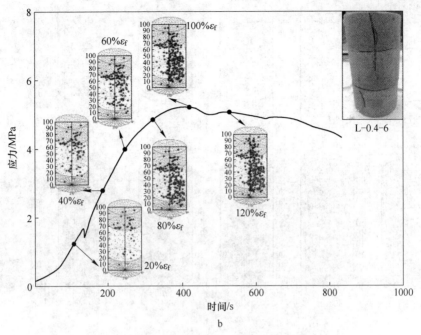

图 3-4 不同应变阶段声发射事件时空分布规律

a—L-0.2-6 试件；b—L-0.4-6 试件

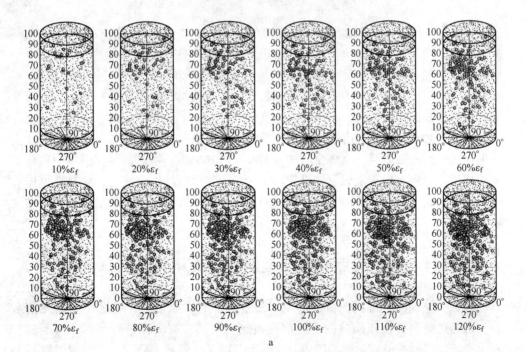

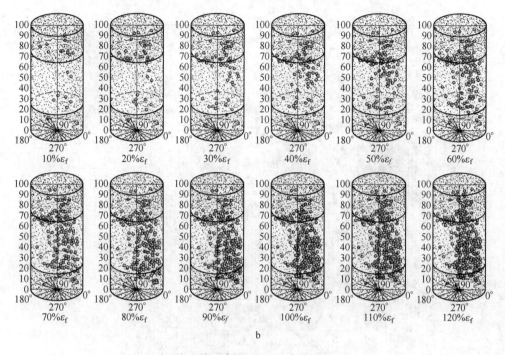

图 3-5　声发射事件时空演化规律

a—L-0.2-6 试件；b—L-0.4-6 试件

由图 3-4 和图 3-5 可以看出，应变初期，分层充填体中分层结构面和原生孔隙被压实，软弱基体结构被压碎，少量声发射源均匀分布在两种介质中。随着应变的不断增加，分层充填体中裂纹开始缓慢扩展，声发射源的数量也逐渐增加。随着应变继续增加，由于中央低配比充填体中基质胶结作用力较低，在荷载作用下软弱基质开始不断破裂，在中央低强度区域开始产生大量声发射事件。当应变超过 $60\%\varepsilon_f$ 时，中央低强度区域裂纹开始向两端高强度区域扩展，声发射事件开始出现在两端高强度区。当应变增加到 $80\% \sim 100\%\varepsilon_f$ 时，两端高强度区域中破坏开始累积，导致大量声发射事件聚集其中。当应变超过峰值应变时，分层充填体中不再出现新的裂纹，但由于贯穿裂纹的剪切和拉伸效应，仍会产生少量的声发射源。

3.4　基于尖点突变模型的分层充填体破裂预测

岩石、充填体等材料在荷载作用下发生破坏时，通常会伴随这一些前兆信息，可通过监测其在压缩过程中的前兆信息来对其破裂失稳进行预测，对于岩石、充填体等材料的破裂预测国内外学者也开展了许多相关研究，声发射参数是岩石、充填体等材料在压缩过程中向外界释放的一种信号，可通过监测材料声发射特征参数对其破裂进行预测。通过前面分析可知，声发射振铃计数和能量计数等较好的表征组合模型在单轴压缩过程中的损伤演化规律，因此可借助突变理论，结合声发射特征参数，进行分层胶结充填体破裂失稳预测。

突变理论是通过定量的角度研究事物的突变特性，并通过统一的数学模型进行表征。目前，突变类型主要有：椭圆脐点突变、燕尾突变、尖点突变、点突变、双曲脐突变、折叠突变以及抛物线脐点突变。尖点突变理论、燕尾突变理论、蝴蝶突变理论在描述事物的突变特性中应用较为广泛；本文利用尖点突变理论，选取声发射振铃计数作为特征参数进行突变预测，然后将分层胶结充填体破裂预测结果进行对比分析，探讨其可行性。

3.4.1 分层充填体尖点突变模型构建

声发射是因局部应变能的快速释放而产生的瞬时弹性波，是材料内部由于不均匀的应力分布所导致的由不稳定的高能态向稳定的低能态过渡时产生的松弛过程。实验表明，无论是有裂纹材料，还是无裂纹材料，受载后所产生的这种松弛过程（声发射过程）都可表示成形变变量的函数。对于无裂纹材料，这个变量就是应力或应变，对于有裂纹材料，这个变量就是应力强度因子。若把这一变量统一用 t 表示，则材料的声发射过程可以描述为单变量函数 $f(t)$，具体试验中 $f(t)$ 则是离散的声发射参数序列。将 $f(t)$ 用 Taylor 级数展开，则有：

$$y(t) = f(t) = a_0 + a_1 t + a_2 t^2 + \cdots + a_n t^n + \cdots \tag{3-8}$$

截取式（3-8）的前 4 项即可满足精度要求，故式（3-8）可近似表示为：

$$y(t) = a_0 + a_1 t + a_2 t^2 + a_3 t^3 + a_4 t^4 \tag{3-9}$$

令 $t = z' - q$，其中 $q = a_3/4a_4$，代入式（3-9）得：

$$y(t) = b_0 + b_1' z + b_2 z'^2 + b_4 z'^4 \tag{3-10}$$

式中

$$b_0 = a_0 q^4 - a_3 q^3 + a_2 q^2 - a_1 q + a_0$$
$$b_1 = -4a_4 q^4 + 3a_3 q^2 - 2a_2 q + a_1$$
$$b_2 = 6a_4 q^2 - 3a_3 q + a_2$$
$$b_4 = a_4$$

再令

$$z' = \sqrt[4]{\frac{1}{4b_4}} \cdot z \quad (b_4 > 0) \quad \text{或} \quad z' = \sqrt[4]{-\frac{1}{4b_4}} \cdot z \quad (b_4 < 0)$$

代入式（3-10）则有：

$$y = \frac{1}{4} z^4 + \frac{1}{2} a z^2 + b z + c \tag{3-11}$$

式中

$$a = \begin{cases} \dfrac{b_2}{\sqrt{b_4}} & b_4 > 0 \\[3mm] -\dfrac{b_2}{\sqrt{-b_4}} & b_4 < 0 \end{cases}$$

$$b = \begin{cases} \dfrac{b_1}{\sqrt[4]{4b_4}} & b_4 > 0 \\[3mm] -\dfrac{b_1}{\sqrt[4]{-4b_4}} & b_4 < 0 \end{cases}$$

式（3-11）就是以 z 为状态变量，以 a、b 为控制变量的尖点突变模型。对于具体的声发射过程 y 即为声发射过程的某一参量（振铃计数、能量计数等），c 为常数。

该尖点突变模型的平衡曲面方程为：

$$z^3 + az + b = 0 \tag{3-12}$$

分叉集方程为：

$$4a^3 + 27b^2 = 0 \tag{3-13}$$

图 3-6 即为尖点突变模型的平衡曲面和控制面的示意图。由图 3-6b 可知，尖点突变模型的分叉集为一半立方抛物线，而在（0，0）点处有一尖点。分叉集将控制平面分为两个区域，在区域 E 内，$4a^3 + 27b^2 > 0$，这时 b 的变化只引起 z 的连续变化，因此系统处于稳定状态。而在区域 J 内，$4a^3 + 27b^2 < 0$，这时 b 的变化就会引起 z 的突跳。因此，判断系统是否发生突变的条件是：

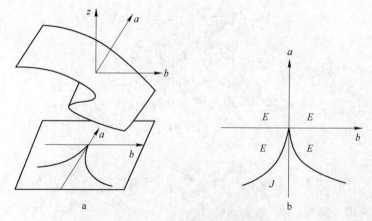

图 3-6　尖点突变模型示意图

a—尖点突变模型的平衡曲面孔控制曲面；b—分叉集对控制空间的划分

$$\begin{cases} 4a^3 + 27b^2 < 0 & \text{突变（不稳定）} \\ 4a^3 + 27b^2 > 0 & \text{不突变（稳定）} \end{cases} \tag{3-14}$$

声发射参数（振铃计数或能量计数）可以看作时间变量的连续函数 $x(t)$，其中 x 为声发射监测数据序列，t 为时间，将连续函数 $x(t)$ 通过 Taylor 级数展开，截取前 5 项可得：

$$x(t) = A_0 + A_1 t + A_2 t^2 + A_3 t^3 + A_4 t^4 + A_5 t^5 \tag{3-15}$$

对式求导得：

$$y = \frac{\mathrm{d}x(t)}{\mathrm{d}t} = A_1 + 2A_2 t + 3A_3 t^2 + 4A_4 t^3 + 5A_5 t^4 \tag{3-16}$$

式中，y 为声发射参数序列值。若令 $a_0 = A_1$，$a_1 = 2A_2$，$a_2 = 3A_3$，$a_3 = 4A_4$，$a_4 = 5A_5$，则式（3-16）即化为式（3-9），进而可进行突变分析。

3.4.2 分层充填体破裂预测验证

为简化计算，利用振铃计数对组合模型破裂进行预测分析，按 50s 进行区间划分，以 L-0.4-10 模型为例进行分析，表 3-2 为不同时间序列声发射累积振铃计数。

表 3-2 不同时间区间声发射累积振铃计数

序号	时间区间/s	振铃计数/次	累积振铃计数/次
1	0~50	37114	37114
2	50~100	7169	44283
3	100~150	11728	56011
4	150~200	38711	94722
5	250~300	59178	153900
6	300~350	87025	240925
7	350~400	77302	318227
8	400~450	62348	380575
9	450~500	77958	458533
10	500~550	71161	529694
11	550~600	38908	568602
12	600~650	25643	594245
13	650~700	16232	610477
14	700~750	15828	626305
15	750~800	26283	652588
16	800~850	10507	663095

首先，取前 5 个时间区间的累积振铃计数进行计算，将其代入式（3-16）的突变模型，然后分别求得 A_1、A_2、A_3、A_4 和 A_5，进而可求得 a_0、a_1、a_2、a_3 和 a_4，之后便可求得 a 和 b 的值，代入式（3-14）后就可判断突变是否发生，每增加一个时间区间计算一次，直至系统出现不稳定状态，这就表明声发射参数在这个时间区间内发生突变现象。通过对所有模型进行计算分析，结果如表 3-3 所示。

表 3-3 分层充填体声发射破裂预测

试件编号	时间段/s	a	b	Δ	预测结果	峰值应力比/%
L-0.2-6	350~400	-31.93	-109.11	6.1×10^4	未破坏	98~95（峰后）
	400~450	-124.67	-165.27	-1.5×10^7	破坏	95~90（峰后）
L-0.6-6	450~500	-53.66	-291.29	1.1×10^6	未破坏	80~75（峰后）
	500~550	-160.30	-191.22	-3.2×10^7	破坏	75~70（峰后）
L-0.4-6	400~450	-44.34	-212.21	1.4×10^6	未破坏	95~90（峰后）
	450~500	-148.11	-147.35	-5.1×10^7	破坏	90~85（峰后）
L-0.4-10	450~500	-113.83	-786.17	4.9×10^6	未破坏	60~70（峰前）
	500~550	-214.28	-1680.11	-2.5×10^{12}	破坏	70~75（峰前）

分析表 3-3 中组合模型破裂预测结果可知，绝大部分试件破坏前兆区间为峰值应力 95%~85%（峰后），而破坏区间则大部分为位于峰后峰值应力 75%~90%，这一结果与大部分学者对材料破坏预测结果较为吻合，且与试验结果基本能保持一致，因此表明借助声发射参数，利用尖点突变模型对分层胶结充填体进行破裂预测具有一定的可行性。

3.5 本章小结

了解不同结构条件下充填体的声发射参数演化规律和声发射事件时空分布规律，对揭示分层充填体力学破坏机理具有重要意义。本章节选取 4 个分层充填体试件，进行单轴压缩条件下的声发射信号监测，得到以下主要结论：

（1）不同分层充填体在损伤演化过程中声发射振铃计数变化规律基本相似；声发射振铃计数先缓慢增加，然后快速增加，最后增速放缓趋于平稳；当高度比恒定时，灰砂比越大，累积声发射振铃计数越多；在相同的灰砂比下，高度比越大，累积声发射振铃计数越多。

（2）声发射事件首先均匀零星分布与整个试件中，然后开始在中部低强度区域聚集，随后声发射试件向两端高强度区域演化、累积，试件整体失稳破坏，声发射事件趋于平静。

（3）依托声发射特征参数，构建了分层胶结充填体破裂预测尖点突变模型，预测结果与实际较为吻合，预测结果具有一定的可信度。

4　分层充填体损伤本构模型

4.1　引　言

胶结充填体损伤演化特征的研究是充填体力学最基础也是最重要的研究内容之一。目前，对于充填体损伤本构模型方面的研究较多。赵树果、刘志祥等依据统计损伤理论，建立了充填体单轴压缩损伤本构模型。张发文通过深入研究充填体微观损伤机理，建立了两种不同的损伤本构方程。王勇等考虑初始温度对充填体力学性能的影响，结合理论推导，建立了充填体温度–时间耦合损伤本构模型。王俊综合考虑充填体结构尺寸及其与围岩之间的接触作用等要素，构建了空场嗣后胶结充填体强度模型。刘志祥采用极限平衡分析方法建立了空场嗣后充填胶结充填体的强度模型。上述本构模型的建立均是基于完整充填体，并未充分考虑结构特征对充填体强度及损伤演化规律的影响。而在分层充填采矿过程中，由于多次充填采空区，充填体不可避免地出现分层等结构特性，而这些损伤结构面必然导致充填体力学性能的改变，进而影响充填体损伤演化方程和损伤本构方程的建立。仅考虑荷载作用对充填体力学特性的影响可能会存在一定的局限性，因此有必要构建一种考虑结构特征的胶结充填体损伤本构方程。

本章节在其他学者研究基础上，运用连续损伤理论及能量守恒原理，建立了分层充填体损伤本构方程，同时对模型性的可靠性进行了验证分析，最后基于试验数据，结合构建的损伤本构方程，对分层充填体损伤演化规律进行了深入探讨。

4.2　分层充填体破坏过程分析

胶结充填体是由选矿尾砂、水和胶凝材料等胶结而成的多相复合材料，与岩土体具有相似的物理力学性质。在理想情况下，充填体内部不含微孔隙、微裂纹等细观缺陷，认为其不存在初始损伤。而在矿山进行分层充填过程中，由于采空区经过多次充填完成，导致充填体出现分层等结构现象。结构面上下表面之间由于水化反应时间不一致，容易在分层面形成孔隙、裂痕等缺陷，造成充填体内部出现局部损伤，定义这种损伤为初始分层损伤。充填次数越多，分层结构面越多,内部初始损伤越大,导致充填体物理力学性质发生不可逆的劣化,因此多次分层充填的过程是一个初始分层损伤不断累积的过程。在外载荷的作用下,充填体内部胶骨料之间或分层缺陷开始发生滑移和错动,导致其内部微裂不断发育并逐渐连通,最终汇合形成宏观裂纹,致使充填体发生失稳破坏。因此充填体破坏过程实质是分层效应和荷载耦合作用下损伤不断发育、扩展、汇集的过程。

4.3 损伤本构方程建立

当充填体存在分层结构面时,分层结构面的初始损伤引起充填体微观结构的变化和力学性能的劣化。根据宏观唯象损伤力学概念,充填体初始分层损伤 D_n 可定义为:

$$D_n = 1 - \frac{E_n}{E_0} \tag{4-1}$$

式中,E_0 为完整充填体的初始弹性模量;n 为分层数;E_n 为分层数为 n 的充填体弹性模量。

由 Lemaitre 应变等价原理,可得到充填体损伤型本构关系为:

$$\sigma = (1 - D_s)E\varepsilon \tag{4-2}$$

式中,D_s 为充填体受荷损伤变量;E 为无损材料的弹性模量。

充填体在外载作用下,其内部开始产生各种随机分布的细观缺陷,固可将充填体内部受荷损伤视为随机损伤,进而可从统计学角度去研究其受荷损伤。根据充填体内部受荷损伤服从某种随机分布的特征,考虑构建相应的统计损伤本构方程。本书采用基于充填体应变等效假定和 Weibull 分布的损伤方程进行研究,其概率密度函数可表示为:

$$P(\varepsilon) = \frac{m}{\varepsilon_0}\left(\frac{\varepsilon}{\varepsilon_0}\right)^{m-1}e^{-\left(\frac{\varepsilon}{\varepsilon_0}\right)^m} \tag{4-3}$$

式中,$P(\varepsilon)$ 为充填体微元强度分布函数;ε 为充填体材料的应变量;m、ε_0 为分布参数。

当充填体被加载到应变水平 ε 时,其受荷损伤变量可表示为:

$$D_s = 1 - e^{-\left(\frac{\varepsilon}{\varepsilon_0}\right)^m} \tag{4-4}$$

对于层状充填体,其受荷损伤可等效成两种损伤状态的耦合。第一种为初始分层损伤状态,即由于分层面上的初始缺陷而导致的初始损伤;第二种为初始分层损伤后的加载损伤状态,即由于充填体受荷而产生的损伤。分层结构和荷载以不同的力学机制使材料内聚力减弱,诱发两种损伤相互耦合、相互影响、相互递进。则层状充填体内部损伤本构关系可表示为:

$$\sigma = (1 - D_s)E_n\varepsilon \tag{4-5}$$

由式（4-1）和式（4-5）可得到用初始分层损伤变量和受荷损伤变量表示的充填体应力-应变关系为：

$$\sigma = (1 - D_s)(1 - D_n)E_0\varepsilon \tag{4-6}$$

根据式（4-6），即可得到充填体分层荷载耦合总损伤变量为：

$$D = D_n + D_s - D_nD_s \tag{4-7}$$

式中，D 为充填体分层荷载耦合损伤变量。

将式（4-1）和式（4-4）代入式（4-7）得到：

$$D = 1 - \frac{E_n}{E_0}\exp\left[-\left(\frac{\varepsilon}{\varepsilon_0}\right)^m\right] \tag{4-8}$$

由式（4-8）可知，当仅考虑初始分层损伤时，受荷应变 $\varepsilon = 0$，此时 $D = D_n$；当充填体不存在分层结构即对于完整充填体，仅考虑受荷损伤时，$E_n = E_0$，此时 $D = D_s$。当同时考虑分层结构和荷载作用时，由式（4-8）得到层状充填体损伤演化率：

$$D = (1 - D_n)\frac{\partial D}{\partial \varepsilon} + (1 - D_s)\frac{\partial D}{\partial n} \tag{4-9}$$

由式（4-2）和式（4-8）可得到常规三轴条件下层状充填体损伤本构的基本关系式为：

$$\sigma_1 = E_0(1 - D)\varepsilon_1 + 2\mu_n\sigma_3 \tag{4-10}$$

$$\sigma_3 = E_0(1 - D)\varepsilon_3 + \mu_n\sigma_1 + \mu_n\sigma_3 \tag{4-11}$$

式中，μ_n 为分层数为 n 的充填体泊松比。

将式（4-8）分别代入式（4-10）和式（4-11），得到层状充填体受荷损伤本构方程：

$$\sigma_1 = E_n\varepsilon_1\exp\left[-\left(\frac{\varepsilon^*}{\varepsilon_0}\right)^m\right] + 2\mu_n\sigma_3 \tag{4-12}$$

$$(1 - \mu_n)\sigma_3 = E_n\varepsilon_3\exp\left[-\left(\frac{\varepsilon^*}{\varepsilon_0}\right)^m\right] + \mu_n\sigma_1 \tag{4-13}$$

假定充填材料服从广义 Hooker 定理及 Misses 屈服准则，可得式（4-12）和式（4-13）中应变的表达式分别为：

$$\varepsilon_1^* = \varepsilon_1 - \frac{(1 - 2\mu)\sigma_3}{E} \tag{4-14}$$

$$\varepsilon_3^* = -\frac{\varepsilon_3}{\mu} + \frac{(1 - 2\mu)\sigma_3}{\mu E} \tag{4-15}$$

在充填体变形破坏过程中，其应力-应变关系曲线在峰值点满足以下几何条件：

（1）当 $\varepsilon_1 = \varepsilon_f$ 时，$\sigma_1 = \sigma_f$；

（2）当 $\varepsilon_1 = \varepsilon_f$ 时，$\dfrac{\partial \sigma_1}{\partial \varepsilon_1} = 0$。

式中，σ_f 和 ε_f 分别为不同层状充填体应力-应变曲线极值点处的应力和应变值。

对式（4-12）求偏导得：

$$\frac{\partial \sigma_1}{\partial \varepsilon_1} = E_n \exp\left[-\left(\frac{\varepsilon^*}{\varepsilon_0}\right)^m\right]\left[1 - \frac{\varepsilon_1 m}{\varepsilon_0}\left(\frac{\varepsilon^*}{\varepsilon_0}\right)^{m-1}\right] \tag{4-16}$$

将式（4-16）代入几何条件（1）得：

$$\left(\frac{\varepsilon^*}{\varepsilon_0}\right)^m = \frac{\varepsilon^*}{m\varepsilon_f} \tag{4-17}$$

将几何条件（2）代入式（4-12）得到：

$$\sigma_f = E_n \varepsilon_f \exp\left[-\left(\frac{\varepsilon^*}{\varepsilon_0}\right)^m\right] + 2\mu_n \sigma_3 \tag{4-18}$$

联立式（4-17）和式（4-18）得到：

$$m = \frac{\varepsilon_f - (1 - 2\mu_n)\sigma_3 / E_n}{\varepsilon_f \ln \dfrac{E_n \varepsilon_f}{\sigma_f - 2\mu_n \sigma_3}} \tag{4-19}$$

$$\varepsilon_0 = \left[\varepsilon_f - (1 - 2\mu_n)\sigma_3 / E_n\right]\left[\frac{m\varepsilon_f}{\varepsilon_f - (1 - 2\mu_n)\sigma_3 / E_n}\right]^{1/m} \tag{4-20}$$

式（4-19）及式（4-20）即为充填体损伤本构方程参数，与式（4-8）构成完整的层状充填体损伤演化方程，与式（4-12）及式（4-13）构成完整的充填体损伤本构方程。

4.4　损伤本构方程验证

基于已有的试验数据（如表 4-1 所示），代入构建的损伤本构方程，得到不同分层数和围压下损伤本构方程参数 ε_0 和 m，如表 4-2 所示。

表 4-1　分层充填体力学参数

分层数	围压/MPa	峰值应力/MPa	峰值应变/%	弹性模量/GPa	泊松比
0	0	13.86	0.625	3.50	0.051
	0.2	16.29	0.671	3.70	0.057
	0.5	18.60	0.690	3.85	0.064
	0.8	21.94	0.726	4.02	0.068

分层数	围压/MPa	峰值应力/MPa	峰值应变/%	弹性模量/GPa	泊松比
1	0	13.63	0.681	3.33	0.048
	0.2	15.81	0.705	3.57	0.052
	0.5	17.41	0.714	3.53	0.057
	0.8	20.52	0.774	3.81	0.063
2	0	12.96	0.691	3.18	0.042
	0.2	15.19	0.739	3.32	0.047
	0.5	16.67	0.769	3.52	0.052
	0.8	20.54	0.808	3.52	0.059
3	0	12.83	0.732	2.89	0.041
	0.2	14.79	0.816	3.05	0.046
	0.5	15.72	0.912	3.14	0.050
	0.8	17.50	1.023	3.24	0.053

根据表 4-1 中的数据，代入式（4-19）和式（4-20）可计算得到不同分层数和围压下损伤本构方程参数 ε_0 和 m，如表 4-2 所示。

表 4-2 损伤本构方程参数 ε_0 及 m

围压	分层数	ε_0/%	m
0	0	0.894	2.201
	1	0.959	1.952
	2	0.947	1.721
	3	0.936	1.417
0.2	0	0.965	2.331
	1	0.981	1.831
	2	0.979	1.543
	3	1.004	1.312
0.5	0	0.996	2.506
	1	1.021	2.186
	2	1.072	1.847
	3	1.143	1.359

围压	分层数	$\varepsilon_0/\%$	m
0.8	0	1.049	2.641
	1	1.110	2.254
	2	1.142	1.987
	3	1.425	1.841

利用表 4-2 中的试验数据，结合公式（4-12）、式（4-19）和式（4-20）计算得到围压为 0.5MPa 时 4 种不同分层充填体损伤本构方程理论曲线，并与相应的试验曲线进行对比分析，结果如图 4-1 所示。

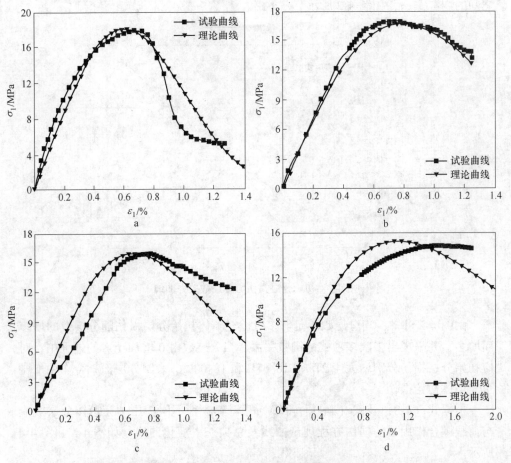

图 4-1　应力-应变理论曲线与试验曲线对比

a—$\sigma_3 = 0.5$MPa, $n = 0$；b—$\sigma_3 = 0.5$MPa, $n = 1$；

c—$\sigma_3 = 0.5$MPa, $n = 2$；d—$\sigma_3 = 0.5$MPa, $n = 3$

分析图 4-1a,峰值应力之前,理论计算曲线与实测曲线高度重合,峰后曲线吻合程度较差,但基本趋势一致;对于图 4-1b,应力-应变全过程中,理论计算曲线与实测曲线均有较高的重合度;观察图 4-1c,峰前曲线吻合程度较差一些,峰后基本吻合,但整体差异不明显;对于图 4-1d,理论曲线和实测曲线重合度较高。总体而言,本书所构建的分层充填体损伤本构方程理论曲线与试验得到的曲线基本吻合,验证了本构方程的正确性。

4.5　分层充填体损伤演化特征

根据不同层状充填体力学参数及式(4-1),可以得到初始分层损伤与分层数之间的内在关系,如图 4-2 所示。

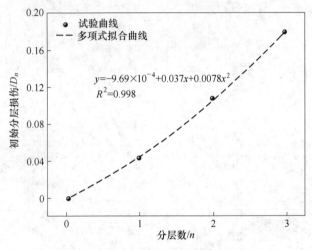

图 4-2　初始分层损伤与分层数关系曲线

由图 4-2 可知,当分层数不足够多时,充填体初始分层损伤随分层数的增多而增多,并呈现出二次多项式的函数关系,当分层数由 0 增加至 3 的过程中,对应初始分层损伤分别增大 4.21%、10.67% 和 18.00%,表明分层面耦合作用加剧了充填体初始损伤。

根据式(4-8)及式(4-9),可以计算得到 4 种不同围压下充填体分层效应与荷载耦合作用下的损伤方程理论曲线及总损伤率演化曲线,如图 4-3 和图 4-4 所示。

由图 4-3 可知,分层充填体存在初始损伤。相同分层数时,总损伤随应变先急剧增加后缓慢增加,最后趋于 1。相同损伤程度时,充填体应变随分层数增多

而增大，表明当荷载作用于层状充填体，其分层结构面会出现闭合现象，导致其应变增大。

图4-4显示，相同分层数时，充填体总损伤率先急剧增加，至峰值后逐渐减小。分层数越多，总损伤率峰值越大，当分层数由0增至3时，总损伤率峰值分别增大2.41、6.85和16.23，分层结构会加剧充填体损伤的累积速率。当总损伤率到达峰值之前，分层数越多，总损伤率曲线越陡，表明加载初始阶段，分层数越多，充填体损伤累积越快；当总损伤率到达峰值之后，总损伤率随分层数增多而变缓，说明层状充填体塑性较完整充填体要大。

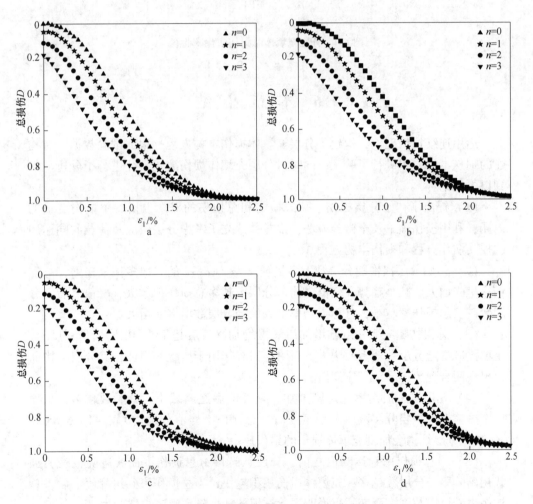

图4-3 分层充填体总损伤演化曲线

a—σ_3=0MPa；b—σ_3=0.2MPa；c—σ_3=0.5MPa；d—σ_3=0.8MPa

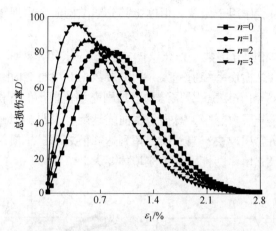

图 4-4 分层充填体总损伤演化率曲线

4.6 本 章 小 结

运用连续损伤理论，构建了分层充填体损伤本构方程。根据试验数据，对构建的损伤本构方程进行了验证，同时对分层充填体损伤演化特征进行了分析。得到以下结论：

（1）提出了初始分层损伤、荷载损伤和总损伤的概念，拓展了损伤变量的内涵；利用损伤理论及全微分方法，推导并建立了考虑分层效应及荷载共同作用的损伤演化方程和损伤本构方程。

（2）初始分层损伤随分层数增多呈现 $y = ax^2 + bx + c$ 的二次多项式递增，总损伤率呈先增大后减小趋势，峰值之前，分层数越多总损伤率越大，峰值之后，分层数越多总损伤率越小，且总损伤率最大值随分层数增多而增大。

（3）总损伤随应变先急剧增加后缓慢增加，最后趋于 1。相同损伤程度时，充填体应变随分层数增多而增大，表明当荷载作用于层状充填体，其分层结构面会出现闭合现象，导致其应变增大。

（4）充填体总损伤率先急剧增加，至峰值后逐渐减小；分层数越多，总损伤率峰值越大，当分层数由 0 增至 3 时，总损伤率峰值分别增大 2.41、6.85 和16.23，分层结构会加剧充填体损伤的累积速率。

（5）当总损伤率到达峰值之前，分层数越多，总损伤率曲线越陡，表明加载初始阶段，分层数越多，充填体损伤累积越快；当总损伤率到达峰值之后，总损伤率随分层数增多而变缓，说明层状充填体塑性较完整充填体要大。

5 考虑结构面倾角的充填体
稳定性数值分析

5.1 引　言

在进行大空区嗣后充填过程中，由于地表充填站搅拌仓容量的限制，往往需要经过多次充填才能完全充满井下采空区。且需要考虑上、下阶段矿石高效开采的问题，大空区往往需要在顶部和底部一定高度采用高配比料浆进行胶结充填，而在空区中间部位采用相对低配比料浆进行充填，这样胶结充填体就会出现分层结构面。与此同时，在进行充填管线布置过程中，管线往往悬挂在靠近岩壁一侧，这样容易导致粗颗粒和高浓度料浆在靠近岩壁一侧累积，而细颗粒和低浓度料浆则流向岩壁另一侧，在胶结充填体完成固结排水后，其分层结构面容易出现一定量的倾角，如图 5-1 所示。当分层面出现倾角后，再进行两侧矿体开挖时，其应力和位移分布将会出现较大变化，若忽略分层结构面

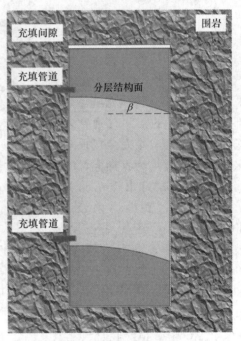

图 5-1　料浆沉降作用差异
导致分层结构面出现倾角

倾角的影响，数值计算结果将与实际情况不符，较难给现场提供可靠的参考依据。因此在进行胶结充填体稳定性数值分析时，数值模型的构建必须考虑分层结构面倾角。

本书在进行采场胶结充填体单侧揭露稳定性数值计算时，充分考虑分层结构面倾角的影响，分别设置结构面倾角为 $-15°$、$10°$、$-5°$、$0°$、$5°$、$10°$ 和 $15°$，然后对胶结充填体一侧进行开挖，分析胶结充填体中间线上的应力分布情况和揭露

面中线上的位移分布情况，结合应力和位移分布规律，深入探讨单侧揭露下分层胶结充填体的稳定性情况。

5.2 模型可靠性验证及分析

FLAC3D 作为一款可靠的数值分析软件被广泛应用于采矿与岩土等工程领域，包括地下采场的开挖与充填等数值计算，其计算的可靠性已得到许多学者的验证。本章节中，将借助 FLAC3D 数值计算软件研究分层胶结充填体在采场单侧开挖条件下的稳定性。

首先，为验证数值模型的可靠性，构建胶结充填体与围岩接触的采场模型示意图，如图 5-2 所示。数值模型中，胶结充填体高度为 30m，长度和宽度均为 10m，胶结充填体顶部预留 0.5m 的空间（通常采场充填体顶部较难完全接顶）。采场围岩假设均为各向同性的线弹性本构材料，围岩容重为 $\gamma_r = 28\text{kN/m}^3$、弹性模量 $E_r = 40\text{GPa}$、泊松比 $\mu_r = 0.2$；采场胶结充填体假设均为摩尔-库伦本构材料，胶结充填体顶部和底部高强度区容重 $\gamma_1 = 24\text{kN/m}^3$、中间低强度区容重 $\gamma_2 = 22\text{kN/m}^3$，顶、底部弹性

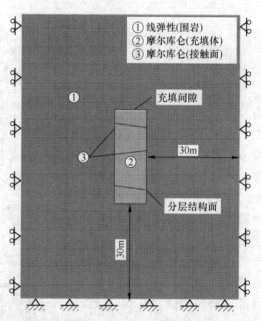

图 5-2 充填体与围岩接触三维数值模型

模量 E_1、泊松比 μ_1、内聚力 c_1、内摩擦角 φ_1 分别为 800MPa、0.3、100kPa、30°；中部弹性模量 E_2、泊松比 μ_2、内聚力 c_2、内摩擦角 φ_2 分别为 600MPa、0.25、70kPa、30°。胶结充填体与围岩之间的接触面假设为摩尔-库伦本构模型，接触面力学参数为：法向刚度和切向刚度均为 24GPa、内聚力为 0、内摩擦角为 20°。另外，采场中充填体上、中和下三个分层依次充填，当下一分层固结之后再进行上一分层的充填，因此数值计算时采用分次加载。

数值模型的底部边界采用全方向固定，模型四周外边界固定 X 水平方向和 Y 水平方向（垂直于纸面方向）。经过前期多次校正分析，最终整个模型尺寸选取为：70m×70m×90m，所有单元网格尺寸为 0.5m。

对采场进行开挖，然后进行胶结充填，分别监测胶结充填体竖直中间线上的垂直应力 σ_{zz} 和水平应力 σ_{xx}，并将计算结果与覆重法结果和刘光生等的计算结果进行对比，结果如图 5-3 所示。

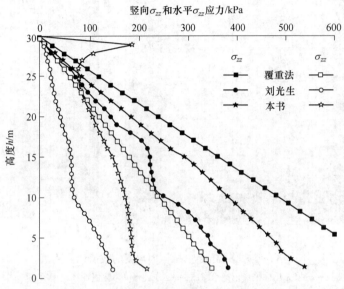

图 5-3　胶结充填体中间线应力对比结果

观察图 5-3 发现，本书计算得到的垂直应力和水平应力结果和刘光生等的计算结果均明显低于相应埋深处的覆重法解析应力，表明采场胶结充填体受到围岩接触面作用而发生了成拱作用，这一结果在刘光生等的论文中已经得到了验证，本书不具体展开分析。另外，本书计算结果又明显大于刘光生等的计算结果，这是因为，本书所选两种胶结充填体材料容重分别为 24kN/m³ 和 22kN/m³，均大于刘光生等的选取的 18kN/m³，因此在垂直应力和水平应力分布上要高于刘光生等的结果，这也进一步证实了本书模型的可靠性。

5.3　分层充填体稳定性数值计算方案

前面章节对模型可靠性进行了验证分析，结果证明了本书的建模思路能用于分析分层胶结充填体的稳定性。图 5-4 为分层胶结充填体采场模型示意图。结构面倾角为 β（分层结构面与水平面逆时针方向的夹角）、胶结充填体中间层高度为 h_2。采用控制变量法设计分层胶结充填体稳定性数值计算方案，如表 5-1 所示（*VAR*＝变量）。

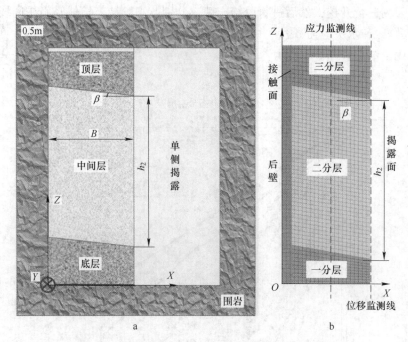

图 5-4　考虑胶结充填体结构面角度的数值计算模型

a—分层充填体采场模型示意图；b—分层充填体数值计算模型示意图

表 5-1　考虑结构特性的胶结充填体稳定性数值计算方案

方案	结构特性		中间层充填体力学特性			
	$\beta/(°)$	h_2/m	c_2/kPa	$\varphi_2/(°)$	μ_2	E_2/MPa
1	VAR	20	70	30	0.25	600
2	10	VAR	70	30	0.25	600
3	10	20	VAR	30	0.25	600
4	10	20	70	VAR	0.25	600
5	10	20	70	30	VAR	600
6	10	20	70	30	0.25	VAR

5.4　结构特性对整体稳定性影响分析

本书结构特性主要指分层结构面角度 β 和胶结充填体中间层高度 h_2。为深入分析结构面角度和中间层高度对胶结充填体整体稳定性的影响，保持其他参数不变，分别改变结构特征参数进行研究。

5.4.1 结构面倾角对应力和位移分布的影响

保持其他参数不变，仅仅改变结构面倾角 β（方案1），研究结构面倾角对分层胶结充填体整体稳定性的影响，数值计算结果如图5-5~图5-8所示。

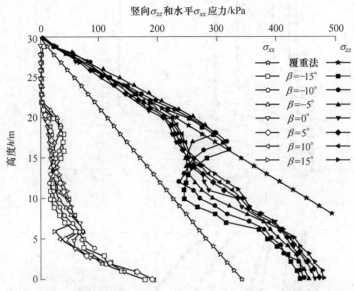

图 5-5 不同结构面倾角胶结充填体中间线竖向应力和水平应力

图5-5为不同结构面倾角下胶结充填体中间线上的竖向应力和水平应力及其与覆重法结果的对比。对于水平应力，其从胶结充填体顶部至底部不断增大，且当处于胶结充填体22m至30m的范围时，其值近乎为0，分析原因，由于胶结充填体一侧揭露（临空），其余三面受到采场围岩向上的摩擦作用，等效于施加一个向上托的应力，导致胶结充填体顶部中间线区域水平应力几乎为0。当高度降低时，由于重力作用增大，水平应力也会不断增加，且水平应力值不断向覆重法计算结果靠近。此外，在高度为15m及以上区域，水平应力随结构面倾角增大而增加，在高度15mm及以下区域，竖向应力随结构面倾角增大而减小，不过整体来看，结构面倾角对胶结充填体中间线上的水平应力影响较小。对于竖向应力，与水平应力结果一致，从胶结充填体顶部至底部不断增加，且在15m以上区域，竖向应力随结构面倾角增大而增大，15m以下区域，竖向应力随结构面倾角增大而减小。此外，当结构面倾角大于5°时，在15m以上区域，出现了竖向应力大于覆重法的结果，可以解释为胶结充填体在15m以上区域发生了较大位移所致。综合分析认为，结构面倾角对胶结充填体竖向和水平应力影响均不大，但对竖向应力的影响要大于其对水平应力的影响。

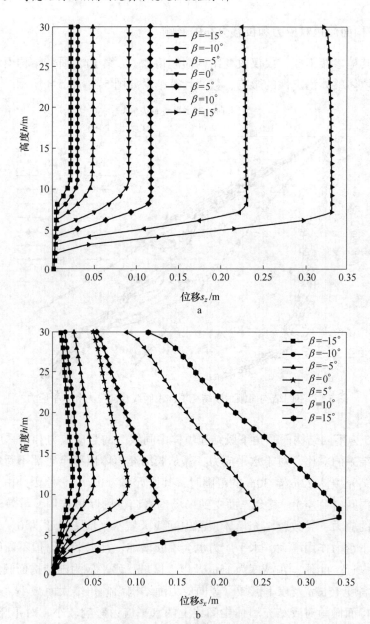

图 5-6 不同结构面倾角胶结充填体揭露面竖向位移和水平位移

a—竖直方向位移；b—水平方向位移

图 5-6 为不同结构面倾角下，分层胶结充填体揭露面中间线上的竖向位移和水平位移。观察竖直方向位移图可知，在高度 10m 及以上区域，竖向位移几乎不随高度而变化，在高度 10m 至 3m 区域，竖向位移随高度增加而急剧增大，在

3m 及以下区域，竖向位移几乎为 0，这一结果表明，胶结充填体在 3~5m 区域发生了剪切滑移现象，3m 及以下区域未发生明显向下的移动趋势，10m 及以上区域，胶结充填体作为一个整体向下移动。而随着结构面倾角由−15°增加至 15°过程中，同一高度下竖向位移不断增大，且增长速率由慢变快。观察水平方向位移图可知，胶结充填体水平位移随高度由 0m 增加至 30m 的过程中先增加后减小，在高度为 3~10m 之间增速非常大，这一结果与竖向位移结果类似，在高度为 10~30m 之间变化速率放慢。同一高度，胶结充填体水平位移随结构面倾角增大而增大，在倾角为−15°~5°之间，水平位移增长速率较慢，在倾角由 5°增加至 15°过程中，水平位移快速增加，水平位移对大倾角更为敏感。通过比较图 5-5 和图 5-6，可知在进行胶结充填体稳定性分析时，不仅要对其应力分布进行分析，还要分析其位移分布规律，这样才能更加准确掌握胶结充填体稳定性状况。另外，从竖直方向位移图还可得到楔形滑动面下脚面距采空区底部的距离 h_c，结果如表 5-2 所示。

表 5-2　楔形滑动体下脚面距采场底部高度

$\beta/(°)$	−15	−10	−5	0	5	10	15
h_c/m	8.0	7.0	6.0	5.0	4.0	3.0	2.0

　　图 5-7 和图 5-8 为胶结充填体中央截面上 X 方向位移云图和位移等值线图。观察图 5-7 可明显看出，胶结充填体发生了剪切滑移现象，其 X 方向位移主要发生在中间区域。在中间位移区，X 方向位移随高度增加而增加，从远离揭露面到靠近揭露面，X 方向位移不断增大，在临空面 X 方向位移达到最大值。观察图 5-8 可知，对于同一倾角（以 $\beta=5°$ 为例），在远离临空面的区域，胶结充填体 X 方向位移在 0.024~0.048m 之间变化，随着离临空面越来越近，胶结充填体 X 方向不断增大，位于临空面附近时，胶结充填体 X 方向位移增加至最大值，处于 0.096~0.120m 范围。对于同一高度（以 $H=10m$ 为例），胶结充填体 X 方向位移随结构面倾角增大而增大，当结构面倾角为−15°时，胶结充填体最小水平位移范围为 0.0044~0.0088m、最大水平位移范围为 0.0176~0.0220m；当结构面倾角为 0°时，最小和最大水平位移范围分别为 0.018~0.036m 和 0.072~0.090m，增大约 4 倍；而当结构面倾角增至最大值 15°时，其最小和最大水平位移范围分别为 0.07~0.14m 和 0.28~0.35m，较倾角为−15°时增大约 10 倍、较倾角为 0°时增大约 4 倍。

　　综合分析上述结果可知，结构面倾角对胶结充填体中间线竖向应力和水平应力影响较小，对竖向应力的影响略微大于水平应力。而结构面倾角对胶结充填体竖向位移和水平位移影响非常显著。因此，对胶结充填体整体稳定性进行分析时，不能仅仅分析其对应力分布的影响，而应该结合位移分布规律，深入了解结

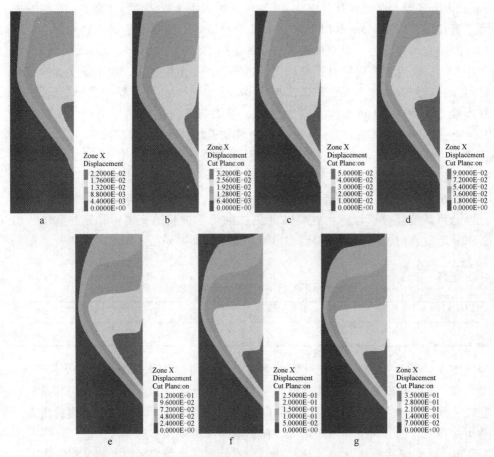

图 5-7 不同结构面倾角胶结充填体中央截面 X 方向位移云图：
a—$\beta=-15°$；b—$\beta=-10°$；c—$\beta=-5°$；d—$\beta=0°$；e—$\beta=5°$；f—$\beta=10°$；g—$\beta=15°$

构面倾角对胶结充填体稳定性的综合影响。

5.4.2 中间层高度对应力和位移分布的影响

保持其他参数不变，仅仅改变中间层高度 h_2（方案 2），研究中间层高度对分层胶结充填体整体稳定性的影响，数值计算结果如图 5-9~图 5-12 所示。

图 5-9 为不同中间层高度胶结充填体中间线上的竖直应力和水平应力随竖直高度的变化结果。从图 5-9 中可以看出，随竖直高度降低，胶结充填体竖向应力和水平应力均不断增加。在 30m 至 20m 高度，水平应力几乎为 0，在 20m 至 10m 之间，水平应力也仅随高度小幅改变，而到了 10m 至 0m 之间，其水平应力开始快速增加，接近覆重法计算结果，这一结果显示胶结充填体在 0m 至 10m 高度区间稳定性发生了较大变化。对于竖向应力，在高度为 30m 至 18m 区间，其值与

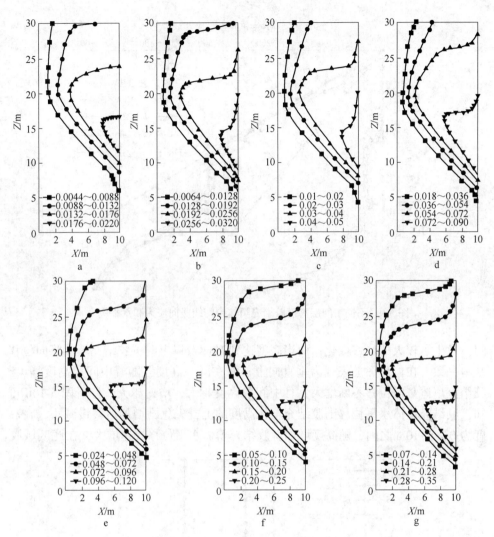

图 5-8 不同结构面倾角胶结充填体中央截面 X 方向位移等值线图

a—$\beta=-15°$；b—$\beta=-10°$；c—$\beta=-5°$；d—$\beta=0°$；e—$\beta=5°$；f—$\beta=10°$；g—$\beta=15°$

覆重法结果基本一致，而在 18m 至 0m 区间，其值开始慢慢小于覆重法计算结果，且高度越小，与覆重法结果相差越远。同一高度下，随中间层高度改变，胶结充填体垂直应力和水平应力变化不大，表明中间层高度对胶结充填体应力分布规律影响较小，有必要对其位移变化规律进行深入分析。

图 5-10 为不同中间层高度下，胶结充填体揭露面中线上竖向位移和水平位移结果。分析图 5-10a 发现，在 0m 至 3m 高度，胶结充填体竖向位移很小；当高度上升至 3m，竖向位移开始急剧增大，表明胶结充填体在高度为 3m 至 10m 之

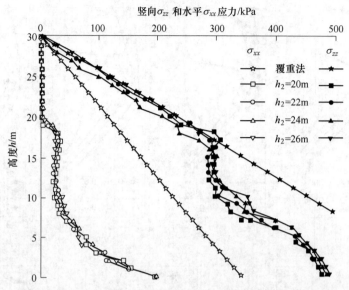

图 5-9　不同中间层高度胶结充填体中间线竖向应力和水平应力

间，发生了较大的位移变化；而当高度达到 10m 及以上时，胶结充填体竖向位移基本一致，在位移图上表现为垂直向上。而在同一高度，随着中间层高度增大，胶结充填体竖向位移不断增大，且中间层高度越大，增速越大。分析图 5-10b 可知，胶结充填体水平位移随胶结充填体高度的上升先急剧增加后缓慢减小，在高度为 0m 至 10m 之间，随高度增加，胶结充填体水平位移快速增大，在此区域胶

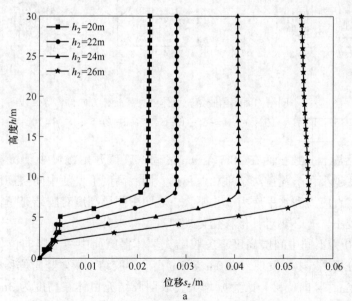

a

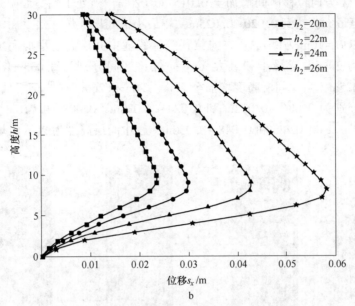

图 5-10 不同中间层高度胶结充填体揭露面竖向位移和水平位移

a—竖直方向位移图；b—水平方向位移图

结充填体发生剪切滑移运动，导致 X 方向位移大幅增加，而当高度继续增加，作用在胶结充填体上的重力随之减小，胶结充填体水平位移变小。同一高度，随中间层高度增加，胶结充填体水平位移不断增加，且增速不断变大。综合分析图 5-10 可知，随中间层高度增加，胶结充填体低强度区域占比增加，在重力作用下，在高度为 3m 至 10m 区间发生了剪切滑移运动，导致竖向位移和水平位移在此区域快速增大。同理，可得到楔形滑动面下脚面距采空区底部的距离 h_c，结果如表 5-3 所示。

表 5-3 楔形滑动体下脚面距采场底部高度

h_2/m	20	22	24	26
h_c/m	5.0	4.0	3.0	2.0

图 5-11 和图 5-12 为不同中间层高度胶结充填体中央截面处 X 方向位移云图和位移等值线图。从图 5-11 位移云图可以直观看到，胶结充填体在高度为 3m 至 10m 之间发生了较大的滑移运动，滑动楔形体倾角接近 60°。且越靠近临空面，位移云图颜色越深、X 方向位移越大。从图 5-12 可以看出，保持中间层高度不变（以 $h_2=20m$ 为例），远离临空面，胶结充填体 X 方向位移越小，最小位移区间为 0.005~0.010m，随着靠近临空面，位移区间增加至 0.010~0.015m，继续靠

近临空面，X 方向位移区间增加至 $0.015 \sim 0.020$m，当处于临空面附近时，X 方向位移增至最大，达到 $0.020 \sim 0.025$m，较最小区间增大约 2 倍。而对于同一竖直高度（以 $H = 10$m 为例），X 方向位移等值线随中间层高度增加而增加，当中间层高度为 20m 时，最小和最大 X 方向位移区间分别为 0.005m ~ 0.010m 和 $0.020 \sim 0.025$m，当中间层高度增加至 22m、24m 和 26m 时，最小和最大 X 方向位移区间分别为 $0.006 \sim 0.012$m 和 $0.024 \sim 0.030$m、$0.008 \sim 0.016$m 和 $0.030 \sim 0.036$m、$0.012 \sim 0.024$m 和 $0.048 \sim 0.060$m，较中间层高度为 20m 时增加率约为 1.2 倍、1.6 倍和 2.4 倍。

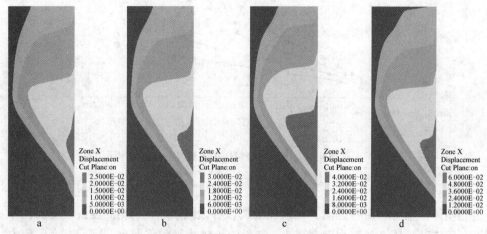

图 5-11 不同中间层高度胶结充填体中央截面 X 方向位移云图

a—$h_2 = 20$m；b—$h_2 = 22$m；c—$h_2 = 24$m；d—$h_2 = 26$m

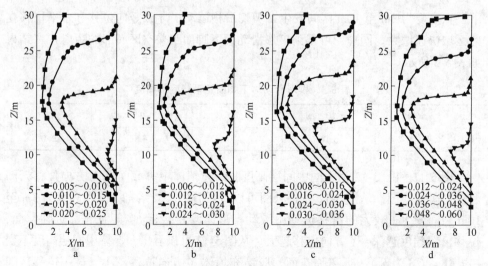

图 5-12 不同中间层高度胶结充填体中央截面 X 方向位移等值线图

a—$h_2 = 20$m；b—$h_2 = 22$m；c—$h_2 = 24$m；d—$h_2 = 26$m

综合分析上述结果可知，中间层高度对竖向应力和水平应力分布几乎没有影响，这是因为胶结充填体应力分布主要受容重影响，仅仅改变中间层高度 2~6m，对于整体上覆重力影响非常小，因此对应力分布的影响也很小。然而，胶结充填体剪切滑移主要发生胶结充填体中间区域，若增加中间层高度，将会增大中间低强度区域面积，导致整体抗剪强度降低，在重力作用下，中间区域发生较大位移。

5.5 中间层力学特性对整体稳定性影响分析

通过第 2 至第 4 章节的研究，认为分层胶结充填体中间层力学特性对整体力学特性有很大影响，为深入分析中间层各力学参数对胶结充填体应力和位移的影响，保持其他参数不变，改变单一变量进行分析。

5.5.1 内聚力对应力和位移分布的影响

保持其他参数不变，仅仅改变中间层充填体内聚力 c_2（方案 3），研究中间层充填体内聚力（简称内聚力）对分层胶结充填体整体稳定性的影响，数值计算结果如图 5-13~图 5-16 所示。

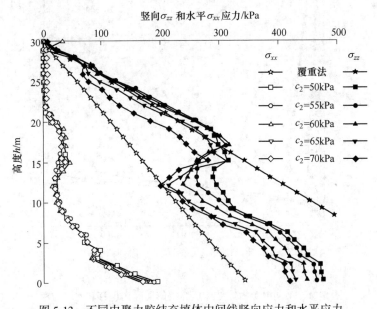

图 5-13　不同内聚力胶结充填体中间线竖向应力和水平应力

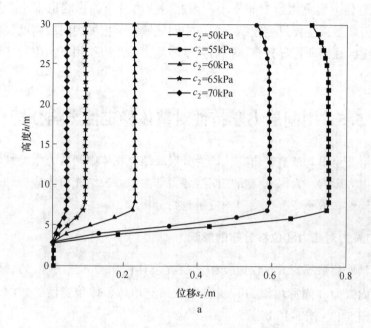

a

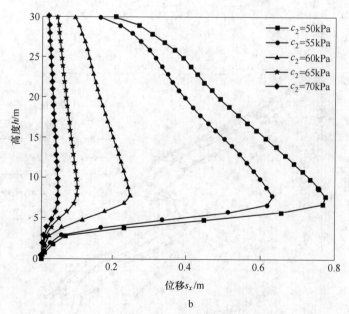

b

图 5-14 不同内聚力胶结充填体揭露面竖向位移和水平位移

a—竖直方向位移图；b—水平方向位移图

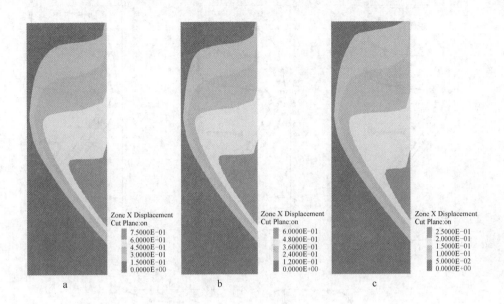

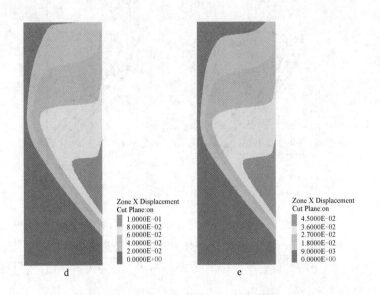

图 5-15 不同内聚力胶结充填体中央截面 X 方向位移云图

a—$c_2 = 50\text{kPa}$; b—$c_2 = 55\text{kPa}$; c—$c_2 = 60\text{kPa}$;

d—$c_2 = 65\text{kPa}$; e—$c_2 = 70\text{kPa}$

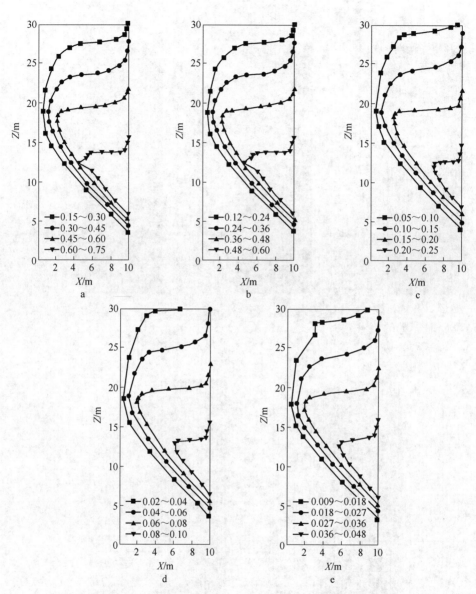

图 5-16 不同内聚力胶结充填体中央截面 X 方向位移等值线图

a—$c_2 = 50kPa$；b—$c_2 = 55kPa$；c—$c_2 = 60kPa$；d—$c_2 = 65kPa$；e—$c_2 = 70kPa$

分析图 5-13 可知，无论内聚力如何变化，胶结充填体中间线上的水平应力几乎重合，表明内聚力对水平应力几乎没有影响。而反观竖向应力，随内聚力的增大而减小。这是由于随着内聚力的增大，胶结充填体颗粒之间的黏结强度增加，由于胶结充填体三面为围岩，围岩与充填体接触面会对胶结充填体施加一个向上摩擦作用，内聚力越大，颗粒间的黏结力越大，传递到中间线上的作用力也越大，胶结充填体出现拱效应，导致充填体中间线上的竖向应力减小。正是由于接触面的接触作用和胶结充填体颗粒间的黏结作用，才会出现胶结充填体水平应力和竖向应力小于覆重法计算结果。

图 5-14 为不同内聚力下胶结充填体揭露面中线上竖向位移和水平位移。观察图 5-14a 可知，同一内聚力下，胶结充填体竖向位移随高度增加呈现先急剧增加后保持不变的趋势。在 0~3m 高度，竖向位移几乎为 0；为 3~6m 高度区间，胶结充填体竖向位移急剧增加至最大值，认为在此区间，胶结充填体发生了较大的剪切滑移现象；当高度为 6~30m 之间，胶结充填体竖向位移几乎保持最大值不变。同一高度下，胶结充填体竖向位移随内聚力变化非常明显，且随内聚力的增大而减小。当内聚力为 50kPa 时，胶结充填体最大竖向位移达到 0.76m，位移非常大；当内聚力增加至 55kPa 时，竖向位移最大值减小至 0.60m 左右；继续增大内聚力至 60kPa，竖向最大位移值减小至 0.23m 左右，降幅达到最大值；而当内聚力增加至 65kPa 和 70kPa 时，竖向最大位移仅为 0.1m 和 0.05m，内聚力对竖向位移的改变非常明显。观察图 5-14b 发现，保持内聚力不变，胶结充填体水平位移随高度增加先增加后减小，在高度约为 9m 时达到最大水平位移。而在同一高度，胶结充填体水平位移随内聚力增大而减小，当内聚力为 50kPa 时，最大水平位移约为 0.78m；当内聚力增加至 55kPa、60kPa、65kPa 和 70kPa 时，最大水平位移分别为 0.64m、0.25m、0.1m 和 0.05m。综合分析图 5-14a 和 b 可知，中间层充填体内聚力对整体位移影响非常明显，随着内聚力的改变，充填体颗粒之间的黏结力会发生较大改变，导致在重力作用下，整体位移变化较大。同理，可得到楔形滑动面下脚面距采空区底部的距离 h_c，结果如表 5-4 所示。

表 5-4 楔形滑动体下脚面距采场底部高度

c_2/kPa	50	55	60	65	70
h_c/m	3.0	3.0	3.0	3.0	3.0

图 5-15 和图 5-16 为不同内聚力下胶结充填体中央截面上 X 方向位移云图和位移等值线图。观察图 5-15 可知，不同内聚力下，胶结充填体均在临空面高度为 5m 左右的地方发生剪切滑移现象，且滑动体滑移角度约为 60°，且越靠近临空面位移云图颜色越深、位移越大。观察图 5-16 可知，同一黏聚力下（以 $c_2 = 60kPa$ 为例），离临空面越远的地方 X 方向位移越小，且在剪切滑移面以上区域，

高度越大，X 方向位移越小。同一高度下（以 $H = 12m$ 为例），当内聚力越大，胶结充填体 X 方向最小和最大位移范围越小。当内聚力为 50kPa 时，胶结充填体 X 方向位移最小和最大范围为 0. 15 ~ 0. 30m 和 0. 60 ~ 0. 75m，当内聚力增加至 55kPa、60kPa、65kPa 和 70kPa 时，X 方向最小和最大位范围分别减小为：0. 12 ~ 0. 24m 和 0. 48 ~ 0. 60m、0. 05 ~ 0. 10m 和 0. 20 ~ 0. 25m、0. 02 ~ 0. 04m 和 0. 08 ~ 0. 10m，以及 0. 009 ~ 0. 018m 和 0. 036 ~ 0. 048m。

　　综合上述结果，可知中间层充填体内聚力对胶结充填体水平应力分布几乎没有影响，对竖向应力的影响也十分有限。而当改变内聚力时，胶结充填体水平位移和竖向位移变化非常明显。这是因为，当中间层内聚力发生改变时，直接影响胶结充填体颗粒之间的黏结力大小，由于接触面对胶结充填体的摩擦成拱作用，内聚力越大，颗粒之间的黏结作用力就越大，这样传递到胶结充填体中线上的作用力越大，因此竖向应力会受到内聚力的影响。同理，由于颗粒之间黏结力作用的变化，胶结充填体整体黏结作用力会发生较大变化，在重力作用下，剪切滑移面上的移动效应会很大不同，因此竖向和水平位移具有较大差别。

5.5.2　内摩擦角对应力和位移分布的影响

　　保持其他参数不变，仅仅改变中间层充填体内摩擦角 φ_2（方案 4），研究中间层充填体内摩擦角（简称内摩擦角）对分层胶结充填体整体稳定性的影响，数值计算结果如图 5-17 ~ 图 5-20 所示。

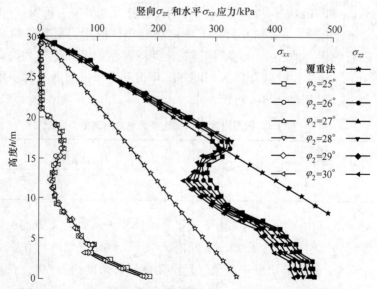

图 5-17　不同内摩擦角胶结充填体中间线竖向应力和水平应力

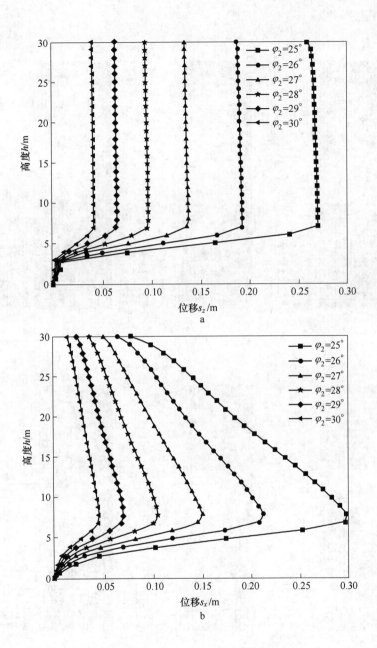

图 5-18 不同内摩擦角胶结充填体揭露面竖向位移和水平位移

a—竖直方向位移图；b—水平方向位移图

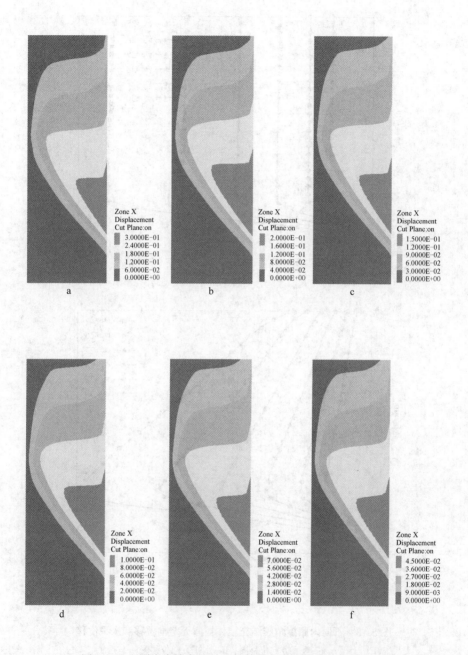

图 5-19 不同内摩擦角胶结充填体中央截面 X 方向位移云图

a—$\varphi_2 = 25°$；b—$\varphi_2 = 26°$；c—$\varphi_2 = 27°$；d—$\varphi_2 = 28°$；e—$\varphi_2 = 29°$；f—$\varphi_2 = 30°$

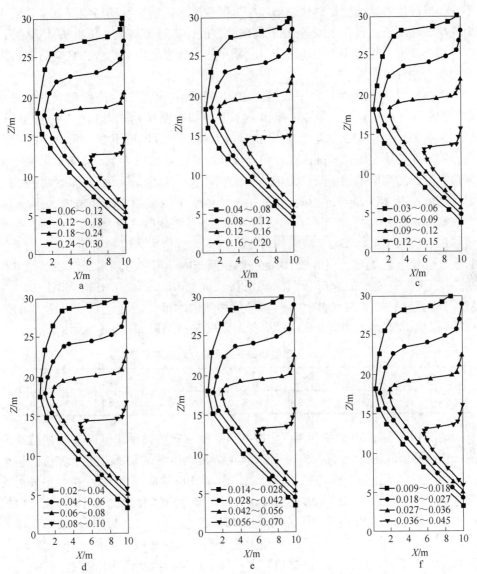

图 5-20　不同内摩擦角胶结充填体中央截面 X 方向位移等值线图

a—$\varphi_2 = 25°$；b—$\varphi_2 = 26°$；c—$\varphi_2 = 27°$；d—$\varphi_2 = 28°$；

e—$\varphi_2 = 29°$；f—$\varphi_2 = 30°$

　　图 5-17 为不同内摩擦角下胶结充填体中间线上的竖向应力和水平应力。可以看到，不同内摩擦角下，胶结充填体中间线水平应力分布曲线基本重合，表明内摩擦角对水平应力分布几乎没有影响。对于竖向应力，不同内摩擦角略有差异，且内摩擦角越大，竖向应力越小。整体而言，随高度降低，水平应力先保持

不变，然后缓慢增加，最后快速增加接近覆重法计算结果；随高度降低，竖向应力先呈线性增长，且在 30m 至 18m 高度，数值计算结果略大于覆重法计算结果，继续减小高度，竖向应力表现出先急剧减小然后缓慢增加的趋势，且应力值始终小于覆重法计算结果。

图 5-18 为不同内摩擦角下胶结充填体揭露面中间线竖向位移和水平位移分布。观察图 5-18a 可知，保持内摩擦角不变，随高度从 0m 增加至 30m 过程中，竖向位移先缓慢增加，然后急剧增加至最大值，最后保持不变。而保持高度不变，胶结充填体竖向位移随内摩擦角增大而减小。观察图 5-18b 可知，保持内摩擦角不变，随高度增加，胶结充填体水平位移先增加至最大值，然后缓慢减小。保持高度不变（以 $H=7m$ 为例），胶结充填体水平位移随内摩擦角增大而减小。当内摩擦角为 25° 时，水平位移最大值为 0.30m；当内摩擦角增加至 26° 时，水平位移最大值减小至 0.23m，减幅约为 23.3%；继续增大内摩擦角至 27°，水平位移最大值减小至 0.15，仅为 25° 时的一半；而当内摩擦角分别增加至 28°、29° 和 30° 时，其水平位移最大值分别减小至 0.12m、0.075m 和 0.05m，相比 25° 时，减幅分别为 60%、75% 和 83.3%，水平位移随内摩擦角的变化非常明显。同理，可得到楔形滑动面下脚面距采空区底部的距离 h_c，结果如表 5-5 所示。

表 5-5   楔形滑动面下脚面距采场底部高度

$\varphi_2/(°)$	25	26	27	28	29	30
h_c/m	3.0	3.0	3.0	3.0	3.0	3.0

图 5-19 和图 5-20 分别为不同内摩擦角下胶结充填体中央截面 X 方向位移云图和位移等值线图。观察图 5-19 可知，胶结充填体沿某个面发生了剪切滑移运动，剪切滑移面在临空面的高度约为 5m，且剪切滑移面倾角约为 60°。另外，约靠近临空面，胶结充填体 X 方向位移越大；内摩擦角越大，胶结充填体 X 方向位移越小。观察图 5-20 发现，保持内摩擦角不变（以 $\varphi_2=25°$ 为例），胶结充填体 X 方向位移随 X 增大而增加、随 Z 增大先快速增大而后缓慢减小。同一高度下，胶结充填体 X 方向位移随内摩擦角增大而减小。当内摩擦角为 25° 时，胶结充填体 X 方向最小和最大位移范围为 0.06~0.12m 和 0.24~0.30m；当内摩擦角增加至 26° 时，最小和最大位移范围为 0.004~0.008m 和 0.16~0.20m；当内摩擦角分别增加至 27°、28°、29° 和 30° 时，最小和最大位移范围分别减小至 0.03~0.06m 和 0.12~0.15m、0.02~0.04m 和 0.08~0.10m、0.014~0.028m 和 0.056~0.070m、0.009~0.018m 和 0.036~0.045m。可以看出，内摩擦角的变化对胶结充填体 X 方向的位移影响非常大。

综合分析上述结果发现，胶结充填体整体应力分布受中间层内摩擦角的影响较小，但整体位移分布对中间层内摩擦角的变化十分敏感。分析原因，改变内摩擦角，等价于改变剪切滑移面的摩擦系数，对胶结充填体应力分布影响十分有限，而当胶结充填体沿楔形滑动面发生剪切滑移时，由于滑移面摩擦系数的改变，会大大改变胶结充填体整体运动趋势，因而位移会对内摩擦角的变化非常敏感。

5.5.3　泊松比对应力和位移分布的影响

保持其他参数不变，仅仅改变中间层充填体泊松比 μ_2（方案5），研究中间层充填体泊松比（简称泊松比）对分层胶结充填体整体稳定性的影响，数值计算结果如图 5-21~图 5-24 所示。

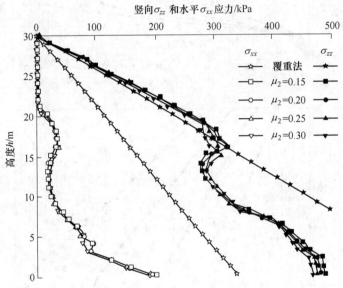

图 5-21　不同泊松比胶结充填体中间线竖向应力和水平应力

分析图 5-21 可知，胶结充填体水平应力和竖向应力随高度的降低而增加。在高度 30m 至 20m 区间，水平应力接近 0，而竖向应力接近覆重法的计算结果；在高度 20m 至 0m 区间，水平应力先缓慢增大然后快速增大靠近覆重法计算结果，竖向应力先跳跃减小至某一值、曲线开始位于覆重法结果之下，然后慢慢增长。另外，随着泊松比的改变，水平应力和竖向应力变化均不明显，认为应力分布对高度十分敏感，但对泊松比的变化不敏感。

分析图 5-22a 可知，同一泊松比下，胶结充填体竖向位移随高度增加先缓慢增加，然后急剧增加（跳跃式增长），最后保持在最大值不变。同一高度下，胶结充填体竖向位移随泊松比的增大而减小，且变化十分敏感。以高度 $H=10\mathrm{m}$ 为例，当泊松比为 0.15 时，胶结充填体竖向位移为 0.08m；当泊松比增加至 0.20

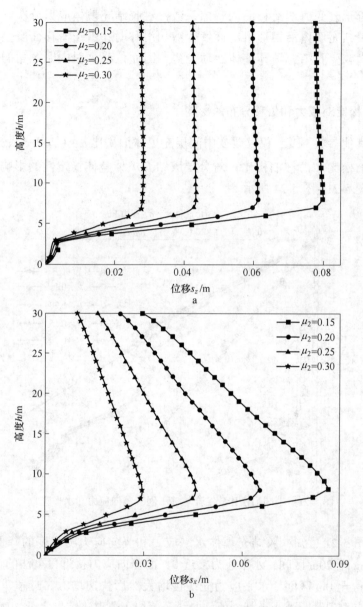

图 5-22　不同泊松比胶结充填体揭露面竖向位移和水平位移
a—竖直方向位移图；b—水平方向位移图

时，竖向位移减小至 0.06m，较泊松比 0.15 减小约 25%；当泊松比分别增加至
0.25 和 0.30 时，竖向位移分别减小至 0.042m 和 0.028m，较泊松比 0.15 分别减
小约 50% 和 65%。分析图 5-22b 可知，同一泊松比下，胶结充填体水平位移随高
度的增加先快速增加后缓慢减小。同一高度下，胶结充填体水平位移随泊松比增

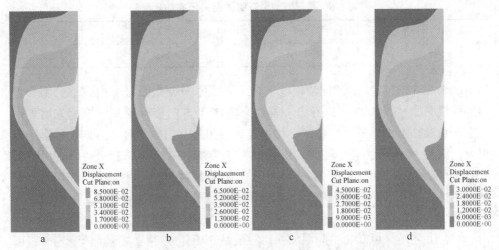

图 5-23　不同泊松比胶结充填体中央截面 X 方向位移云图

a—$\mu_2 = 0.15$；b—$\mu_2 = 0.20$；c—$\mu_2 = 0.25$；d—$\mu_2 = 0.30$

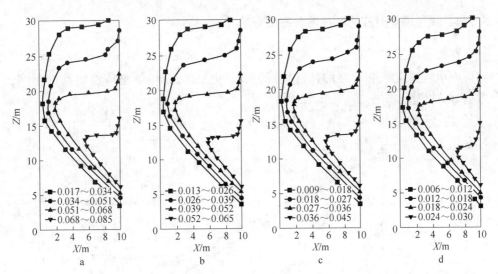

图 5-24　不同泊松比胶结充填体中央截面 X 方向位移等值线图

a—$\mu_2 = 0.15$；b—$\mu_2 = 0.20$；c—$\mu_2 = 0.25$；d—$\mu_2 = 0.30$

大而减小。当泊松比为 0.15 时，X 方向最大位移为 0.085m；当泊松比增加至 0.20 时，X 方向最大位移减小至 0.07m，较泊松比 0.15 减小约 18%；当泊松比分别增加至 0.25 和 0.30 时，X 方向最大位移分别减小至 0.045m 和 0.03m，较泊松比 0.15 时分别减小约 47% 和 65%。可知泊松比对胶结充填体整体位移分布影响非常大。同理，可得到楔形滑动面下脚面距采空区底部的距离 h_c，结果如表 5-6 所示。

表 5-6   楔形滑动面下脚面距采场底部高度

μ_2	0.15	0.20	0.25	0.30
h_c/m	3.0	3.0	3.0	3.0

图 5-23 和图 5-24 为不同泊松比下胶结充填体中央截面 X 方向位移云图和位移等值线图。从图 5-23 可以看出，胶结充填体 X 方向位移随高度增加先增加后减小，且离临空面越近颜色越深、位移越大。另外，泊松比对 X 方向位移影响也很大，其最大位移由泊松比为 0.15 时的 0.085m 减小至泊松比为 0.30 时的 0.03m，随泊松比的变化减小幅度约 65%。从图 5-24 可以看出，不同泊松比下胶结充填体 X 方向位移等值线图分布规律基本相似，随着远离临空面，X 方向位移不断减小。

综合上述结果可知，中间层泊松比对胶结充填体整体应力分布影响较小，而对整体位移分布影响很大。究其原因，增加泊松比，同样等同于增大胶结充填体滑动面的摩擦系数，对应力分布影响有限，而对位移分布影响很大。

5.5.4   弹性模量对应力和位移分布的影响

保持其他参数不变，仅仅改变中间层充填体弹性模量 E_2（方案 6），研究中间层充填体弹性模量（简称弹性模量）对分层胶结充填体整体稳定性的影响，数值计算结果如图 5-25～图 5-28 所示。

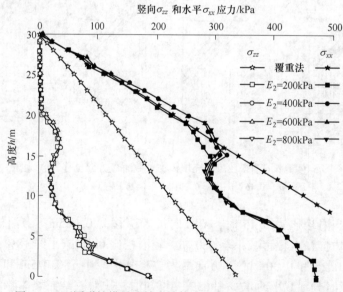

图 5-25   不同弹性模量胶结充填体中间线竖向应力和水平应力

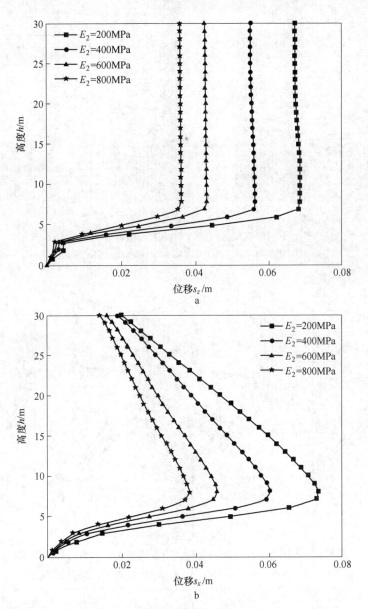

图 5-26 不同弹性模量胶结充填体揭露面竖向位移和水平位移
a—竖直方向位移图；b—水平方向位移图

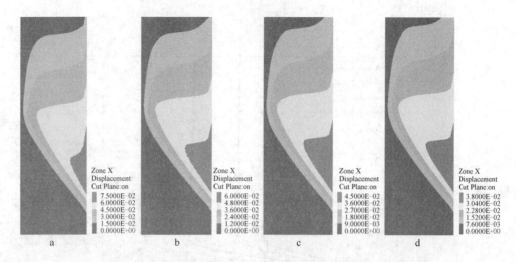

图 5-27　不同弹性模量胶结充填体中央截面 X 方向位移云图

a—$E_2 = 200$MPa；b—$E_2 = 400$MPa；c—$E_2 = 600$MPa；d—$E_2 = 800$MPa

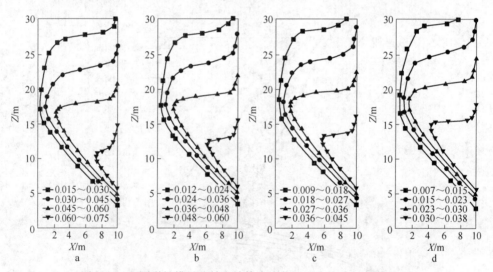

图 5-28　不同弹性模量胶结充填体中央截面 X 方向位移等值线图

a—$E_2 = 200$MPa；b—$E_2 = 400$MPa；c—$E_2 = 600$MPa；d—$E_2 = 800$MPa

　　图 5-25 为不同弹性模量下胶结充填体中间线上的竖向应力和水平应力分布。观察图 5-25 可以看出，竖向和水平应力均随高度降低而不断增大，而随弹性模量的变化很小。水平应力随高度降低，先远离覆重法计算结果、后靠近覆重法计算结果；竖向应力先接近覆重法计算结果，后远离。整体而言，两种应力均小于覆重法计算结果。

图 5-26 为不同弹性模量下胶结充填体揭露面中线上竖向位移和水平位移分布。观察图 5-26a 可知，保持弹性模量不变，胶结充填体竖向位移随高度增加先缓慢增加，然后跳跃式增长至最大值，最后保持不变。而统一高度下，胶结充填体竖向位移随弹性模量的增大而减小。观察图 5-26b 可知，保持弹性模量不变，胶结充填体水平位移随高度增大先增加至最大值，然后缓慢减小；保持高度不变，胶结充填体水平位移随弹性模量增大而减小。同理，可得到楔形滑动面下脚面距采空区底部的距离 h_c，结果如表 5-7 所示。

表 5-7　楔形滑动面下脚面距采场底部高度

E_2/MPa	200	400	600	800
h_c/m	3.0	3.0	3.0	3.0

图 5-27 和图 5-28 为不同弹性模量下胶结充填体中央截面 X 方向位移云图和位移等值线图。观察图 5-27 和图 5-28 发现，不同弹性模量下，胶结充填体 X 方向位移云图分布规律基本相似，在高度方向近乎对称分布，而在水平方向越靠近临空面，颜色越深、位移越大。另外，随着弹性模量的增大，胶结充填体 X 方向位移最小和最大值范围均减小，在弹性模量为 200MPa 时，最小和最大位移范围为 0.015~0.03m 和 0.06~0.075m；当弹性模量增加至 800MPa 时，最小和最大位移范围分别减小至 0.007~0.015m 和 0.03~0.038m，减幅约为 50%。

综合分析以上结果发现，弹性模量的变化对胶结充填体应力分布影响较小，而对其位移分布影响很大。弹性模量的增大，意味着增加了胶结充填体的刚度特征，胶结充填体抵抗变形破坏的能力随之增大，因此，弹性模量的变化对位移分布规律影响很大。

5.6　本　章　小　结

结合采场充填体实际赋存条件，构建考虑结构特性的胶结充填体数值模型，对单侧揭露条件下的胶结充填体整体应力和位移分布进行了深入分析，得到以下主要结论：

（1）通过与覆重法和其他学者的研究结果进行对比分析，验证了本文所构建数值模型计算结果具有一定可靠性。胶结充填体结构特性和中间层充填体力学特性对整体应力分布的影响有限，而对位移分布的影响很大，在对胶结充填体稳定性分析时需综合分析。

（2）胶结充填体所有条件下竖向位移和水平位移分布规律基本类似，竖向位移随胶结充填体高度的增加先缓慢增加，然后在剪切滑动带跳跃式增加至最大值，最后保持最大值至胶结充填体顶部；水平应力随高度的增加先快速增加至最大值，然后缓慢减小。

（3）胶结充填体 X 方向位移随结构面倾角和中间层高度增大而增大，且增速不断减小。胶结充填体 X 方向位移随中间层内聚力、内摩擦角、泊松比和弹性模量的增加而减小。

（4）所有条件下，胶结充填体中央截面 X 方向位移在高度方向表现出对称分布规律，在剪切滑动面附近达到最大值，往上或往下均减小；而在水平方向随着与临空面距离减小而增大。

6 分层充填体强度模型研究

6.1 引 言

在矿山进行嗣后充填采矿过程中，采场通常划分为矿房和矿柱，一步回采矿房，然后采用胶结充填体充填矿房采空区；二步回采矿柱，然后采用非胶结充填体或废石充填体矿柱采空区。在进行矿房采空区胶结充填时，由于高度空间所需强度不同，因此胶结充填体在不同高度采用不同配比。通常在采空区底部和上部采用高配比胶结充填体，在采空区中部采用低配比胶结充填体，这样可形成强度较高的假底和假顶，以便于在进行上下阶段矿石回采过程中更加安全，同时也可最大程度节约充填体成本。当矿房充填完毕，进行矿柱开采和充填时，此时胶结充填体一侧临空另一侧为非胶结充填体，这样胶结充填体处于前壁临空、后壁受压的情况，此时充填体的应力状态和稳定性变化都很显著，严重时会发生滑动失稳破坏。因此有必要对其安全稳定性及强度需求进行深入分析。

国外对采场充填体应力状态和稳定性的理论研究始于 20 世纪 80 年代，R. J. Mitchell 等提出了充填体发生大深宽比失稳的 Mitchell 模型，基于 Mohr-Coulomb 准则建立了充填料的所需内聚力解答与充填体的安全系数解答，但其假定充填为一步完成，没有胶结充填体结构特性，同时也没有考虑充填体的顶部超载。L. Li 和 M. Aubertin 基于 Mohr-Coulomb 准则，提出充填体的小深宽比失稳模型，分析了大、小深宽比 2 种失稳模型下充填体的应力状态及稳定性，并依旧没有考虑胶结充填体的结构特性。刘光生等考虑了不同滑移角度，建立了不同的解析模型，同时利用数值模拟研究了胶结充填体的拱效应，也未提及胶结充填体的结构特性。

通过上述学者的研究可知，针对胶结充填体安全系数及强度模型的理论研究已经相当成熟，为本书的研究提供了丰富的理论基础的研究思路。本书基于 Mohr-Coulomb 强度准则，考虑胶结充填体结构特性、顶部超载、后壁侧压系数、侧壁黏结比等因素，建立了胶结充填体大深宽比条件下的三维强度模型，同时分析了各因素对强度模型的影响规律，最后将本书强度模型与其他学者所建立的模型进行了对比分析。

6.2　条件假定及三维解析模型构建

在矿山进行阶段嗣后充填采矿过程中，矿房和矿柱交错布置分步回采，第一步回采矿房，矿房回采完毕进行尾砂胶结充填，第二步回采相邻矿柱，矿柱回采完毕进行非胶结充填。在矿柱进行非胶结充填时，相邻矿房充填体不仅受到顶部围岩荷载作用，而且还受到相邻非胶结充填体的侧压作用，此时矿房胶结充填体受到最大合力作用，因此需对其稳定性进行计算分析。

6.2.1　条件假定

根据 L. Li 和张常光等的研究，在符合现场充填实际及计算逻辑的前提下对本书条件做以下几种基本假定：

（1）采场充填体均为 3 分层结构，从下到上依次为第一、第二和第三分层，且假定第一和第三分层高度相等。

（2）第一和第三分层充填体分别为假底和假顶，其配比及充填条件完全一致，其力学特性完全一样，且第一和第三分层充填体性质要优于中间第二分层充填体，强度差异主要体现在内聚力不同，第一、第二和第三分层充填体内摩擦角差异较小，这里认为三者大小一致。

（3）忽略胶结充填体与左右围岩的滑动摩擦效应，仅考虑两者之间的黏结滑移效应。

（4）滑动失稳沿一倾斜平面发生，滑动面与水平面的夹角可按朗肯主动土压力破坏面确定。

（5）相邻非胶结充填体的侧压力为均匀分布的自重应力乘侧压系数：$v\gamma uh$。

（6）充填体抗剪强度 τ 符合摩尔库伦准则，其表达式为：

$$\tau = c + \sigma\tan\varphi \qquad (6-1)$$

式中，σ 为滑动面法向作用力；c 为充填体内聚力；φ 为充填体内摩擦角。

根据条件假定，矿房回采完毕并采用尾砂胶结充填，然后回采两侧矿柱，之后进行矿柱采空区非胶结充填，当矿房胶结充填体一侧临空另一侧为非胶结充填体时，矿房胶结充填体受力最大，其稳定性也最差。此时，胶结充填体会出现如图 6-1 所示的滑动失稳破坏现象。

6.2.2　三维解析模型构建

对图 6-1 中胶结充填体及胶结充填体与相邻围岩、非胶结充填体接触参数进行设定：H、B 和 L 分别为胶结充填体高度、宽度和长度，m；p_0 为胶结充填体顶部均布荷载，kPa；h_1、h_2 分别为第一分层和第二分层高度，m；h_c 为滑动面下脚

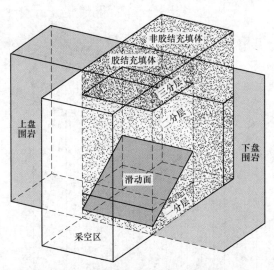

图 6-1 胶结充填体失稳滑动趋势图

面距采空区底部的高度，m；v 和 γ_u 分别为相邻非胶结充填体侧压系数和容重（kN/m^3），对于通常情况下的充填采场，该侧压系数取值接近于主动侧向土压力系数，按公式 $v = \tan^2\left(45° - \dfrac{\varphi}{2}\right)$ 计算；γ_1、c_1、φ_1 和 γ_2、c_2、φ_2 分别为第一分层胶结充填体容重（kN/m^3）、内聚力（kPa）、内摩擦角（°）和第二分层胶结充填体容重、内聚力、内摩擦角，且 $r_{12} = c_1/c_2 \geqslant 1$，$\varphi_1 = \varphi_2 = \varphi$；$c_1'$ 和 c_2' 分别为第一分层和第二分层胶结充填体与左右围岩的黏结力，通常情况下它们分别与胶结充填体内聚力成一定的比例系数（该比例系数受接触面粗糙度等的影响），$c_1' = r_1 c_1$、$c_1' = r_2 c_2$，$r_1 \in [0, 1]$、$r_2 \in [0, 1]$，且 $r_1 = r_2$；α 为滑动面与水平面的夹角（°），基于主动压力状态（类似于莫尔圆中的 Rankine 主动压力状态的破坏面），即 $\alpha = 45° + \varphi/2$，由于第一、第二和第三分层胶结充填体内摩擦角相等，故三个分层面上的滑动面夹角均相等。

由于胶结充填体出现三分层结构，假底、中间层和假顶，根据胶结充填体宽度 B 的不同，滑动面会出现三种不同的情况，即滑动面完全位于第一分层、滑动面贯穿两个分层和滑动面贯穿三个分层。根据不同情况分别进行计算分析，求解不同情况下胶结充填体的安全系数及强度需求。

6.3 分层充填体滑移分析

6.3.1 滑动面完全位于第一分层

当滑动面完全位于第一分层时，采场结构特征如图 6-2 所示，此时存在 $h_c \leqslant h_1 - B\tan\alpha$。

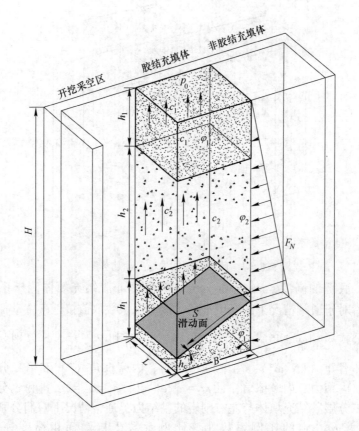

图 6-2 滑动面完全位于第一分层时胶结充填体受力分析

胶结充填体上部楔形滑动体第一、第二和第三分层受到左右两侧围岩的摩擦力分别为 f_1、f_2 和 f_3，其值分别为：

$$f_1 = c_1' B(2h_1 - h_c - B\tan\alpha) \tag{6-2}$$

$$f_2 = 2c_2' BH_2 \tag{6-3}$$

$$f_3 = 2c_1' BH_1 \tag{6-4}$$

则胶结充填体上部楔形滑动体受到左右两侧围岩的摩擦力总和 $f(\mathrm{kN})$ 为：

$$f = 2c_1' Bh_1 + 2c_2' Bh_2 + c_1' B(2h_1 - h_c - B\tan\alpha) \tag{6-5}$$

胶结充填体也受到后壁非胶结充填体对其施加的侧压力，根据假定（5），作用在胶结充填体楔形滑动体后壁上的侧向水平力 $F_N(\mathrm{kN})$ 可表示为：

$$F_N = \int_0^{H'} v\gamma_u hL\mathrm{d}h = \frac{1}{2}v\gamma_u L(H - h_c - B\tan\alpha)^2 \tag{6-6}$$

$T(\mathrm{kN})$ 是胶结充填体楔形滑动体的自重和作用在其上表面的均布力荷载的总和：

$$T = p_0 BL + \gamma_1 LBh_1 + \gamma_2 LBh_2 + \frac{1}{2}\gamma_1 LB(2h_1 - h_c - B\tan\alpha) \tag{6-7}$$

则根据力的平衡原理，垂直滑动面向下的合力 $M(\mathrm{kN})$ 为：

$$M = (T - f)\cos\alpha - F_N\sin\alpha \tag{6-8}$$

沿滑动面向下的合力 $N(\mathrm{kN})$ 为：

$$N = (T - f)\sin\alpha + F_N\cos\alpha \tag{6-9}$$

根据摩尔库伦准则，可知胶结充填体楔形滑动体的抗滑力 $K(\mathrm{kN})$ 为：

$$K = \left(c_1 + \frac{M\cos\alpha}{BL}\tan\varphi\right)BL/\cos\alpha \tag{6-10}$$

楔形滑动体的下滑力 $G(\mathrm{kN})$ 为：

$$G = N \tag{6-11}$$

进而求得充填体安全系数 F 为：

$$F = \frac{抗滑力}{下滑力} = \frac{K}{G} = \frac{\left(c_1 + \dfrac{M\cos\alpha}{BL}\tan\varphi\right)BL/\cos\alpha}{N} \tag{6-12}$$

根据式（6-12）可知，当胶结充填体达到安全系数 F 时，第一分层胶结充填体所需内聚力 c_1 的解析式为：

$$c_1 = \frac{N \cdot F\cos\alpha - M\tan\varphi\cos\alpha}{BL} \tag{6-13}$$

根据内聚力比值 r_{12} 的定义，则第二分层胶结充填体所需内聚力 c_2 的解析式为：

$$c_2 = \frac{N \cdot F\cos\alpha - M\tan\varphi\cos\alpha}{r_{12}BL} \tag{6-14}$$

6.3.2 滑动面贯穿两个分层

当滑动面贯穿两个分层时，采场结构特征如图 6-3 所示，此时存在 $h_1 - B\tan\alpha < h_c \le h_1$。

胶结充填体第一、第二和第三分层受到左右两侧围岩的摩擦力分别为 f_1、f_2 和 f_3，其值分别为：

$$f_1 = \frac{c_1'(h_1 - h_c)^2}{\tan\alpha} \tag{6-15}$$

$$f_2 = \frac{2c_2'(h_1 - h_c)h_2}{\tan\alpha} + c_2'(h_1 + 2h_2 - h_c - B\tan\alpha)\left(B - \frac{h_1 - h_c}{\tan\alpha}\right) \tag{6-16}$$

$$f_3 = 2c_1'BH_1 \tag{6-17}$$

则胶结充填体上部楔形滑动体受到左右两侧围岩的摩擦力总和 $f(\mathrm{kN})$ 为：

$$f = 2c_1'Bh_1 + \frac{2c_2'(h_1 - h_c)h_2}{\tan\alpha} + c_2'(h_1 + 2h_2 - h_c - B\tan\alpha)\left(B - \frac{h_1 - h_c}{\tan\alpha}\right) + \frac{c_1'(h_1 - h_c)^2}{\tan\alpha}$$

$$(6\text{-}18)$$

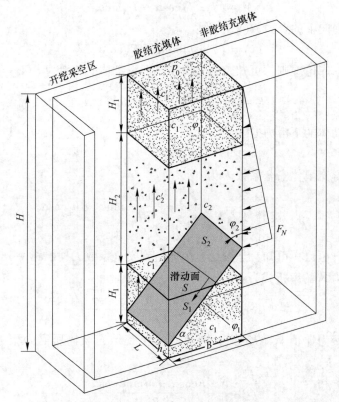

图6-3 滑动面贯穿两个分层时胶结充填体受力分析

作用在胶结充填体楔形滑动体后壁上的侧向水平力 F_N（kN）为：

$$F_N = \int_0^{H'} v\gamma_u hLdh = \frac{1}{2}v\gamma_u L\left(H - h_c - B\tan\alpha\right)^2 \qquad (6\text{-}19)$$

胶结充填体上部楔形滑动体的自重和作用在其上表面的均布力荷载的总和 T（kN）为：

$$T = p_0BL + \gamma_1BLh_1 + \frac{\gamma_1L\left(h_1 - h_c\right)^2}{2\tan\alpha} + \frac{\gamma_2L(h_1 - h_c)h_2}{\tan\alpha} +$$

$$\frac{\gamma_2L}{2}(h_1 + 2h_2 - h_c - B\tan\alpha)\left(B - \frac{h_1 - h_c}{\tan\alpha}\right) \qquad (6\text{-}20)$$

根据力的平衡原理，垂直滑动面向下的合力 M（kN）为：

$$M = (T - f)\cos\alpha - F_N\sin\alpha \qquad (6\text{-}21)$$

沿滑动面向下的合力 $N(\mathrm{kN})$ 为：

$$N = (T - f)\sin\alpha + F_N\cos\alpha \qquad (6\text{-}22)$$

根据摩尔库伦准则，可知胶结充填体楔形滑动体的抗滑力 $K(\mathrm{kN})$ 为：

$$K = \left(\frac{M}{S}\tan\varphi_1 + c_1\right)S_1 + \left(\frac{M}{S}\tan\varphi_2 + c_2\right)S_2 \qquad (6\text{-}23)$$

其中：

$$S = \frac{BL}{\cos\alpha} \qquad (6\text{-}24)$$

$$S_1 = \frac{L(h_1 - h_c)}{\sin\alpha} \qquad (6\text{-}25)$$

$$S_2 = \left(\frac{B}{\cos\alpha} - \frac{h_1 - h_c}{\sin\alpha}\right)L \qquad (6\text{-}26)$$

楔形滑动体的下滑力 $G(\mathrm{kN})$ 为：

$$G = N \qquad (6\text{-}27)$$

进而求得充填体安全系数 F 为：

$$F = \frac{抗滑力}{下滑力} = \frac{K}{G} = \frac{\left(\dfrac{M}{S}\tan\varphi_1 + c_1\right)S_1 + \left(\dfrac{M}{S}\tan\varphi_2 + c_2\right)S_2}{N} \qquad (6\text{-}28)$$

根据式（6-28）可知，当胶结充填体达到安全系数 F 时，第一分层胶结充填体所需内聚力 c_1 的解析式为：

$$c_1 = \frac{NF - \dfrac{MS_1}{S}\tan\varphi - \dfrac{MS_2}{S}\tan\varphi}{S_1 + \dfrac{S_2}{r_{12}}} \qquad (6\text{-}29)$$

根据内聚力比值 r_{12} 的定义，则第二分层胶结充填体所需内聚力 c_2 的解析式为：

$$c_2 = \frac{NF - \dfrac{MS_1}{S}\tan\varphi - \dfrac{MS_2}{S}\tan\varphi}{r_{12}S_1 + S_2} \qquad (6\text{-}30)$$

6.3.3 滑动面贯穿三个分层

当滑动面贯穿三个分层时，采场结构特征如图 6-4 所示，此时存在 $h_1 + h_2 - B\tan\alpha < h_c < h_1$。

胶结充填体第一、第二和第三分层受到左右两侧围岩的摩擦力分别为 f_1、f_2 和 f_3，其值分别为：

$$f_1 = \frac{c'_1(h_1 - h_c)^2}{\tan\alpha} \tag{6-31}$$

$$f_2 = c'_2 h_2 \frac{H - 2h_c}{\tan\alpha} \tag{6-32}$$

$$f_3 = \left[2Bh_1 - \frac{(B\tan\alpha + h_c - h_1 - h_2)^2}{\tan\alpha} \right] c'_1 \tag{6-33}$$

则胶结充填体上部楔形滑动体受到左右两侧围岩的摩擦力总和 $f(\text{kN})$ 为：

$$f = \frac{c'_1(h_1 - h_c)^2}{\tan\alpha} + c'_2 h_2 \frac{H - 2h_c}{\tan\alpha} + \left[2Bh_1 - \frac{(B\tan\alpha + h_c - h_1 - h_2)^2}{\tan\alpha} \right] c'_1 \tag{6-34}$$

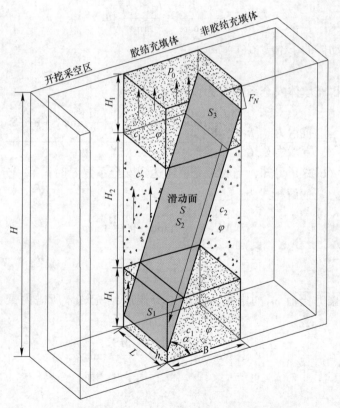

图 6-4 滑动面贯穿三个分层时胶结充填体受力分析

作用在胶结充填体楔形滑动体后壁上的侧向水平力 $F_N(\text{kN})$ 为：

$$F_N = \int_0^{H'} v\gamma_u h L \mathrm{d}h = \frac{1}{2} v\gamma_u L (H - h_c - B\tan\alpha)^2 \tag{6-35}$$

胶结充填体上部楔形滑动体的自重和作用在其上表面的均布力荷载的总和

$T(\text{kN})$ 为：

$$T = p_0 BL + \frac{\gamma_1 L (h_1 - h_c)^2}{2\tan\alpha} + \frac{\gamma_2 L h_2 (H - 2h_c)}{2\tan\alpha} + \gamma_1 L \left[Bh_1 - \frac{(B\tan\alpha + h_c - h_1 - h_2)^2}{2\tan\alpha} \right]$$

$$(6\text{-}36)$$

根据力的平衡原理，垂直滑动面向下的合力 $M(\text{kN})$ 为：

$$M = (T - f)\cos\alpha - F_N \sin\alpha \tag{6-37}$$

沿滑动面向下的合力 $N(\text{kN})$ 为：

$$N = (T - f)\sin\alpha + F_N \cos\alpha \tag{6-38}$$

根据摩尔库仑准则，可知胶结充填体楔形滑动体的抗滑力 $K(\text{kN})$ 为：

$$K = \left(\frac{M}{S}\tan\varphi_1 + c_1 \right) S_1 + \left(\frac{M}{S}\tan\varphi_2 + c_2 \right) S_2 + \left(\frac{M}{S}\tan\varphi_1 + c_1 \right) S_3 \tag{6-39}$$

其中：

$$S = \frac{BL}{\cos\alpha} \tag{6-40}$$

$$S_1 = \frac{L(h_1 - h_c)}{\sin\alpha} \tag{6-41}$$

$$S_2 = \frac{Lh_2}{\sin\alpha} \tag{6-42}$$

$$S_3 = \frac{LB}{\cos\alpha} - \frac{L(h_1 + h_2 - h_c)}{\sin\alpha} \tag{6-43}$$

楔形滑动体的下滑力 $G(\text{kN})$ 为：

$$G = N \tag{6-44}$$

进而求得充填体安全系数 F 为：

$$F = \frac{\text{抗滑力}}{\text{下滑力}} = \frac{K}{G} = \frac{\left(\dfrac{M}{S}\tan\varphi_1 + c_1 \right) S_1 + \left(\dfrac{M}{S}\tan\varphi_2 + c_2 \right) S_2 + \left(\dfrac{M}{S}\tan\varphi_1 + c_1 \right) S_3}{N}$$

$$(6\text{-}45)$$

根据式 (6-45) 可知，当胶结充填体达到安全系数 F 时，第一分层胶结充填体所需内聚力 c_1 的解析式为：

$$c_1 = \frac{NF - \dfrac{MS_1}{S}\tan\varphi - \dfrac{MS_2}{S}\tan\varphi - \dfrac{MS_3}{S}\tan\varphi}{S_1 + \dfrac{S_2}{r_{12}} + S_3} \tag{6-46}$$

根据内聚力比值 r_{12} 的定义，则第二分层胶结充填体所需内聚力 c_2 的解析式为：

$$c_2 = \frac{NF - \dfrac{MS_1}{S}\tan\varphi - \dfrac{MS_2}{S}\tan\varphi - \dfrac{MS_3}{S}\tan\varphi}{r_{12}S_1 + S_2 + r_{12}S_3}$$

(6-47)

6.4 滑动体稳定性影响因素分析

6.4.1 结构参数对安全系数及强度需求的影响

为分析采场结构参数对胶结充填体安全系数及强度需求的影响，保持其他参数不变，仅改变胶结充填体宽度 B 和长度 L，其变化范围如表 6-1 所示，得到结果如图 6-5 和图 6-6 所示。参考 L. Li 和张常光等的工程算例，给出本节计算其他参数取值：$H = 30m$；$h_1 = 5m$；$h_2 = 20m$；$c_1 = 100kPa$；$c_2 = 70kPa$；$r_1 = r_2 = 0.2$；$r_{12} = 1.2$；$\gamma_1 = 24kN/m^3$；$\gamma_2 = 22kN/m^3$；$\gamma_u = 15kN/m^3$；$P_0 = 0kPa$；$\varphi = 30°$；$\alpha = 45 + \varphi/2$；$v = 0.33$。

表 6-1 结构参数取值

参数	取　值						
B/m	3	3.5	4	4.5	5	5.5	6
L/m	8	10	12	14	16	18	20

从图 6-5a 可以看出，胶结充填体安全系数 F 随宽度 B 的增大而增大，且两者呈线性函数关系。当宽度 B 增大时，楔形滑动体滑动面面积随之增大，此时楔形滑动体与下部胶结充填体之间摩擦力增大，抗滑力随之增大，安全系数 F 随之增大。当长度 L = 8m 时，胶结充填体宽度 B，在从 3.0m 增加至 6.0m 的过程中，其安全系数 F 增大约 137.6%；当长度 L 分别为 10m、12m、14m、16m、18m 和 20m 时，其安全系数 F 分别增大 117.2%、107.0%、100.9%、96.8%、93.8% 和 91.6%，表明随着长度 L 的增大，安全系数 F 对宽度 B 的敏感程度逐渐降低。另外从图 6-5a 中还可看出，当宽度 B 小于 4.0m 时，在绝大多数情况下胶结充填体安全系数 F 均小于 1，处于不稳定状态；当宽度 B 大于 5.0m 时，绝大多数情况下其安全系数 F 均大于 1，胶结充填体安全稳定。故在进行采场设计时，可根据矿房长度适当增大矿房宽度，以提高胶结充填体的自稳能力。

从图 6-5b 可以看出，胶结充填体安全系数 F 随长度 L 的增大而减小，且两者呈较好的二次多项式函数关系。当长度 L 增大时，楔形滑动体体积增大，自重应力增大，下滑力随之增大，安全系数 F 随之减小。当宽度 B = 3.0m 时，胶结充填体长度 L，在从 8m 增加至 20m 的过程中，其安全系数 F 降低约 16.2%；当宽度 B 分别为 3.5m、4.0m、4.5m、5.0m、5.5m 和 6.0m 时，其安全系数 F 分

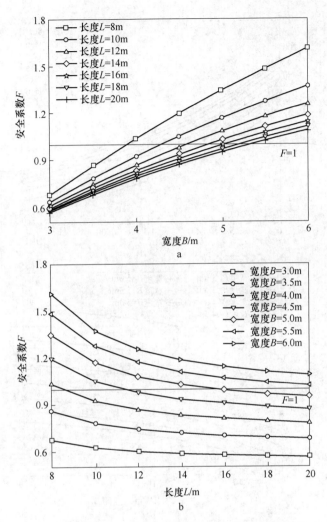

图 6-5　胶结充填体安全系数随宽度和长度的变化规律

a—安全系数随宽度的变化规律；b—安全系数随长度的变化规律

别降低 20.9%、24.3%、26.9%、29.1%、30.9% 和 32.4%，表明随着宽度 B 的增大，安全系数 F 对长度 L 的敏感程度逐渐增大。

综合分析图 6-5a 和 b 可知，胶结充填体安全系数 F 随长度 L 增大而减小、随宽度 B 增大而增大，且当胶结充填体宽度 B 从 3.0m 增加至 6.0m 过程中，其安全系数 F 平均变化率约为 212.8%，而当其长度 L 从 8m 增加至 20m 过程中，其安全系数 F 平均变化率约为 34.5%，表明胶结充填体安全系数 F 对宽度 B 敏感程度更高。另外，在进行采场结构参数设计时，可适当增大矿房宽度以提高胶结充填体的稳定性。

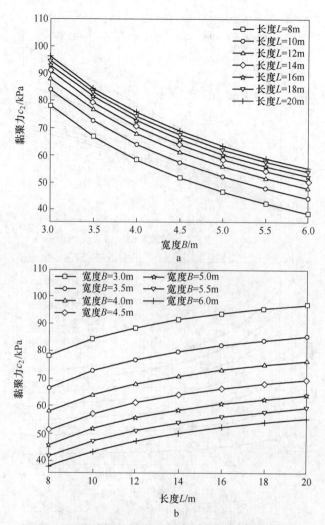

图 6-6 胶结充填体强度需求随宽度和长度的变化规律

a—强度需求随宽度的变化规律；b—强度需求随长度的变化规律

从图 6-6a 可以看出，当安全系数 $F=1$ 时，中部胶结充填体所需内聚力 c_2 随宽度 B 的增大而减小，且两者呈负指数函数关系。当长度 $L=8$m 时，胶结充填体宽度从 3.0m 增加至 6.0m 的过程中，其所需内聚力减小约 51.1%；当长度 L 分别为 10m、12m、14m、16m、18m 和 20m 时，其所需内聚力分别减小 48.1%、46.3%、45.1%、44.2%、43.6% 和 43.1%，表明随着长度 L 的增大，所需内聚力 c_2 对宽度 B 的敏感程度逐渐降低。另外从图 6-5a 中还可看出，当宽度 B 从 3.0m 增加至 6.0m 过程中，其中部胶结充填体所需内聚力 c_2 变化率分别为 102.2%、96.2%、92.6%、90.2%、88.4%、87.2% 和 86.2，所需内聚力平均变化率为 91.9%。

从图 6-6b 可以看出，当安全系数 $F=1$ 时，中部胶结充填体所需内聚力 c_2 随长度 L 的增大而增大，且两者呈二次多项式函数关系。当宽度 $B=3.0\text{m}$ 时，胶结充填体长度从 8m 增加至 20m 的过程中，其所需内聚力 c_2 增大约 22.6%；当宽度 B 分别为 3.5m、4.0m、4.5m、5.0m、5.5m 和 6.0m 时，其所需内聚力 c_2 分别增大 26.1%、29.6%、33.0%、36.3%、39.6% 和 42.7%，表明随着宽度 B 的增大，所需内聚力 c_2 对长度 L 的敏感程度逐渐增大。另外从图中还可看出，当长度 L 从 8m 增加至 20m 过程中，其中部胶结充填体所需内聚力 c_2 变化率分别为 37.7%、43.5%、49.3、55.0%、60.5%、66.0% 和 71.2%，所需内聚力 c_2 平均变化率为 54.7%。

综合分析图 6-6a 和 b 可知，中部胶结充填体所需内聚力 c_2 随宽度 B 增大而减小，随长度 L 增大而增大，且当胶结充填体宽度 B 从 3.0m 增加至 6.0m 的过程中，其所需内聚力 c_2 平均变化率约为 91.9%，而当其长度 L 从 8m 增加至 20m 的过程中，其所需内聚力 c_2 平均变化率仅为 54.7%，表明中部胶结充填体所需内聚力 c_2 对宽度 B 敏感程度更高。

6.4.2 黏聚比及黏结比对安全系数及强度需求的影响

为分析黏聚比及黏结比对胶结充填体安全系数及强度需求的影响，保持其他参数不变，仅改变胶结充填体的黏聚比 r_1、r_2 和黏结比 r_{12}，其变化范围如表 6-2 所示，得到结果如图 6-7 和图 6-8 所示。

表 6-2　黏结比和黏聚比取值

参数	取　值						
$r_1=r_2$	0.10	0.15	0.20	0.25	0.30	0.35	0.40
r_{12}	1.0	1.1	1.2	1.3	1.4	1.5	1.6

从图 6-7a 可以看出，胶结充填体安全系数 F 随黏结比 r_1、r_2 的增大而增大，且两者呈指数函数关系。当黏结比 r_1、r_2 增大，即胶结充填体与左右两侧围岩之间黏结作用增强时，左右两侧围岩会增大对胶结充填体沿滑动面发生滑动破坏的限制，因此胶结充填体安全系数会随之增大。当黏聚比 $r_{12}=1.0$ 时，胶结充填体黏结比 r_1、r_2 从 0.1 增加至 0.4 的过程中，其安全系数 F 增大约 652.0%；当黏聚比 r_{12} 分别为 1.1、1.2、1.3、1.4、1.5 和 1.6 时，其安全系数 F 分别增大 370.9%、264.9%、209.4%、175.1%、152.0% 和 135.3%，表明随着黏聚比 r_{12} 的增大，安全系数 F 对黏结比 r_1、r_2 的敏感程度逐渐降低。

从图 6-7b 可以看出，胶结充填体安全系数 F 随黏聚比 r_{12} 的增大而减小，且两者呈二次多项式函数关系。当黏聚比 r_{12} 增大时，表明一、三分层胶结充填体内聚力 c_1 与二分层胶结充填体内聚力 c_2 比值增大，导致不同分层胶结充填体差异

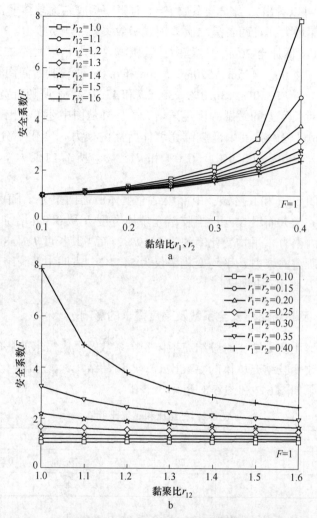

图 6-7　胶结充填体安全系数随黏结比和黏聚比的变化规律

a—安全系数随黏结比的变化规律；b—安全系数随黏聚比的变化规律

增大，分层之间耦合程度降低，整体安全系数 F 降低。当黏结比 $r_1 = r_2 = 0.1$ 时，黏聚比 r_{12} 从 1.0 增加至 1.6 的过程中，其安全系数 F 降低约 4.1%；当黏结比 r_1、r_2 分别为 0.15m、0.20m、0.25m、0.30m、0.35m 和 0.40m 时，其安全系数 F 分别降低 7.3%、11.7%、18.1%、27.6%、42.9% 和 70.0%，表明随着黏结比 r_1、r_2 的增大，安全系数 F 对黏聚比 r_{12} 的敏感程度逐渐增大。

综合分析图 6-7a 和 b 可知，胶结充填体安全系数 F 随黏聚比 r_{12} 增大而减小、随黏结比 r_1、r_2 增大而增大，且当胶结充填体黏结比 r_1、r_2 从 0.1 增加至 0.4 的过程中，其安全系数 F 平均变化率约为 373.2%，而当其黏聚比 r_{12} 从 1.0 增加至

1.6 的过程中，其安全系数 F 平均变化率约为 69.2%，表明胶结充填体安全系数 F 对黏结比 r_1、r_2 敏感程度更高。

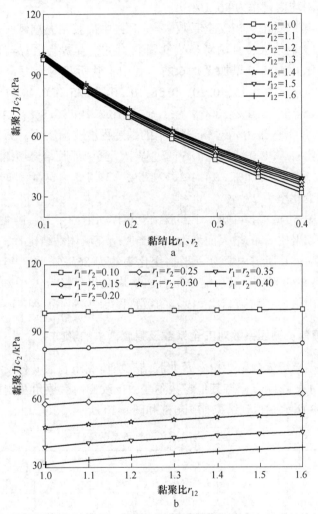

图 6-8　胶结充填体强度需求随黏结比和黏聚比的变化规律

a—强度需求随黏结比的变化规律；b—强度需求随黏聚比的变化规律

从图 6-8a 可以看出，当安全系数 $F=1$ 时，中部胶结充填体所需内聚力 c_2 随黏结比 r_1、r_2 的增大而减小，且两者呈负指数函数关系。当黏聚比 $r_{12}=1.0$ 时，胶结充填体黏结比 r_1、r_2 从 0.1 增加至 0.4 的过程中，其所需内聚力 c_2 减小约 68.5%；当黏聚比 r_{12} 分别为 1.1、1.2、1.3、1.4、1.5 和 1.6 时，其所需内聚力 c_2 分别减小 66.8%、65.4%、64.2%、63.2%、62.4% 和 61.6%，表明随着黏聚比 r_{12} 的增大，所需内聚力 c_2 对黏结比 r_1、r_2 的敏感程度差异不大。另外从图中还可看出，当黏结比 r_1、r_2 从 0.1 增加至 0.4 过程中，其中部胶结充填体所需内聚力 c_2 变化率分别为 91.3%、89.0%、87.2%、85.6%、84.3%、83.2% 和 82.2%，所需内聚力 c_2 平均变化率为 86.1%。

从图 6-8b 可以看出，当安全系数 $F=1$ 时，中部胶结充填体所需内聚力 c_2 随黏聚比 r_{12} 的增大而增大，且两者呈线性函数关系。当黏结比 $r_1=r_2=0.1$ 时，胶结充填体黏聚比 r_{12} 从 1.0 增加至 1.6 的过程中，其所需内聚力 c_2 增大约 1.9%；当黏结比 r_1、r_2 分别为 0.15、0.20、0.25、0.30、0.35 和 0.40 时，其所需内聚力 c_2 分别增大 3.4%、5.4%、8.0%、11.6%、16.6% 和 23.9%，表明随着黏结比 r_1、r_2 的增大，所需内聚力 c_2 对黏聚比 r_{12} 的敏感程度逐渐增大。另外从图中还可看出，当黏聚比 r_{12} 从 1.0 增加至 1.6 的过程中，其中部胶结充填体所需内聚力 c_2 变化率分别为 5.0%、9.0%、14.4%、21.5%、31.1%、44.4% 和 63.7%，所需内聚力 c_2 平均变化率为 27.0%。

综合分析图 6-8a 和 b 可知，中部胶结充填体所需内聚力 c_2 随黏结比 r_1、r_2 增大而减小、随黏聚比 r_{12} 的增大而增大，且当胶结充填体黏结比 r_1、r_2 从 0.1 增加至 0.4 的过程中，其所需内聚力 c_2 平均变化率约为 86.1%，而当其黏聚比 r_{12} 从 1.0 增加至 1.6 的过程中，其所需内聚力 c_2 平均变化率仅为 27.0%，表明中部胶结充填体所需内聚力 c_2 对黏结比 r_1、r_2 的敏感程度更高。

6.4.3 内摩擦角及侧压系数对安全系数及强度需求的影响

为分析胶结充填体内摩擦角 φ 及非胶结充填体侧压系数 v 对胶结充填体安全系数及强度需求的影响，保持其他参数不变，仅改变内摩擦角及侧压系数，其变化范围如表 6-3 所示，得到结果如图 6-9 和图 6-10 所示。

表 6-3 内摩擦角和侧压系数取值

参数	取值						
$\varphi/(°)$	26	27	28	29	30	31	32
v	0.10	0.15	0.20	0.25	0.30	0.35	0.40

从图 6-9a 可以看出，胶结充填体安全系数 F 随内摩擦角 φ 增大而增大，且二者近乎呈线性函数关系。当内摩擦角 φ 增大时，滑动面与水平面夹角 α 随之增大，楔形滑动体下滑力随之减小，安全系数 F 随之增加。当侧压系数 $v=0.10$ 时，内摩擦角 φ 从 26° 增加至 32° 的过程中，胶结充填体安全系数 F 增大约 10.8%；当侧压系数 v 分别为 0.15、0.20、0.25、0.30、0.35 和 0.40 时，胶结充填体安全系数 F 分别增大 11.3%、11.7%、11.8%、11.7%、11.4% 和 10.8%，表明侧压系数 v 发生变化时，内摩擦角 φ 对安全系数 F 的影响程度几乎一致。另外，当内摩擦角 φ 从 26° 增加至 32° 过程中，胶结充填体安全系数 F 变化率分别

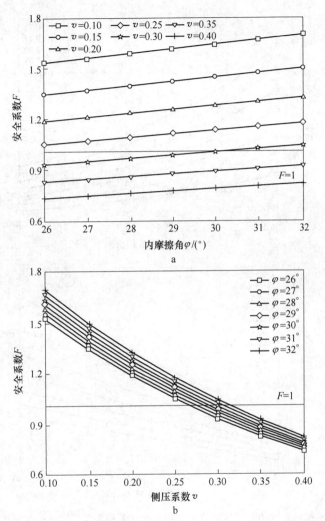

图 6-9　胶结充填体安全系数随内摩擦角和侧压系数的变化规律

a—安全系数随内摩擦角的变化规律；b—安全系数随侧压系数的变化规律

为 57.3%、60.4%、62.2%、62.8%、62.2%、60.6% 和 57.8%，平均变化率为 60.5%。

从图 6-9b 可以看出，胶结充填体安全系数 F 随侧压系数 v 增大而减小，二者呈二次多项式函数关系。当侧压系数 v 增大时，楔形滑动体受到后壁非胶结充填体侧压力随之增大，导致楔形滑动体下滑力增大、抗滑力减小，安全系数 F 减小。当内摩擦角 $\varphi = 26°$ 时，侧压系数 v 从 0.10 增加至 0.40 的过程中，胶结充填体安全系数 F 减小约 52.2%；当内摩擦角 φ 分别为 27°、28°、29°、30°、31° 和 32° 时，安全系数 F 分别减小 52.3%、52.3%、52.3%、52.9%、52.3% 和 52.2%，

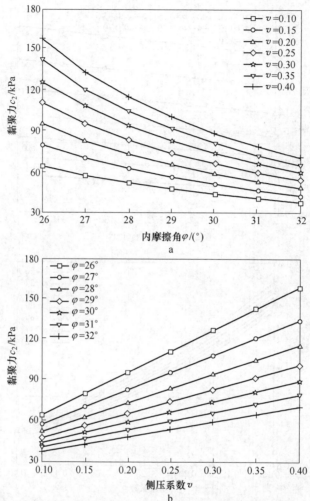

图 6-10 胶结充填体强度需求随内摩擦角和侧压系数的变化规律

a—强度需求随内摩擦角的变化规律；b—强度需求随侧压系数的变化规律

表明内摩擦角 φ 发生变化时，安全系数 F 对侧压系数 v 的敏感程度几乎一致。另外，在侧压系数 v 从 0.10 增加至 0.40 的过程中，胶结充填体安全系数 F 变化率分别为 69.6%、69.7%、69.7%、69.8%、69.7%、69.7% 和 69.6%，平均变化率为 69.7%。

综合分析图 6-9a 和 b 可知，胶结充填体安全系数 F 随内摩擦角 φ 增大而增大、随侧压系数 v 增大而减小，且当胶结充填体内摩擦角 φ 从 26° 增加至 32° 的过程中，其安全系数 F 平均变化率约为 60.5%，而当其侧压系数 v 从 0.10 增加至 0.40 的过程中，其安全系数 F 平均变化率约为 69.7%，两者对胶结充填体安全系数 F 的敏感程度相当。

从图 6-10a 可以看出，当安全系数 $F = 1$ 时，中部胶结充填体所需的内聚力 c_2 随内摩擦角 φ 的增大而减小，且两者呈负指数函数关系。当侧压系数 $v = 0.10$ 时，在胶结充填体内摩擦角 φ 从 26°增加至 32°的过程中，其所需内聚力 c_2 减小约 41.6%；当侧压系数 v 分别为 0.15、0.20、0.25、0.30、0.35 和 0.40 时，其所需内聚力 c_2 分别减小 46.3%、49.5%、51.7%、53.4%、54.8%和 55.8%，表明随着侧压系数 v 的增大，所需内聚力 c_2 对内摩擦角 φ 的敏感程度差异不大。另外从图中还可看出，在内摩擦角 φ 从 26°增加至 32°过程中，其中部胶结充填体所需内聚力 c_2 变化率分别为 180.3%、200.6%、214.3%、224.1%、231.6%、237.4%和 242.0%，所需内聚力 c_2 平均变化率为 218.6%。

从图 6-10b 可以看出，当安全系数 $F = 1$ 时，中部胶结充填体所需内聚力 c_2 随侧压系数 v 的增大而增大，且两者呈线性函数关系。当内摩擦角 $\varphi = 26$°时，胶结充填体侧压系数 v 从 0.10 增加至 0.40 的过程中，其所需内聚力 c_2 增大约 145.2%；当内摩擦角 φ 分别为 27°、28°、29°、30°、31°和 32°时，其所需内聚力 c_2 分别增大 132.2%、120.8%、110.7%、101.5%、93.1%和 85.4%，表明随着内摩擦角 φ 的增大，所需内聚力 c_2 对侧压系数 v 的敏感程度逐渐降低。另外从图中还可看出，当侧压系数 v 从 0.10 增加至 0.40 的过程中，其中部胶结充填体所需内聚力 c_2 变化率分别为 48.4%、44.1%、40.3%、36.9%、33.8%、31.0%和 28.5%，所需内聚力 c_2 平均变化率为 37.6%。

综合分析图 6-10a 和 b 可知，中部胶结充填体所需内聚力 c_2 随内摩擦角 φ 增大而减小、随侧压系数 v 的增大而增大，且当胶结充填体内摩擦角 φ 从 26°增加至 32°的过程中，其所需内聚力 c_2 平均变化率约为 218.6%，而当其侧压系数 v 从 0.10 增加至 0.40 的过程中，其所需内聚力 c_2 平均变化率仅为 37.6%，表明中部胶结充填体所需内聚力 c_2 对内摩擦角 φ 的敏感程度更高。

6.4.4　容重及上覆压力对安全系数及强度需求的影响

为分析胶结充填体容重 γ_1 和上覆压力 p_0 对安全系数及强度需求的影响，保持其他参数不变，仅改变容重及上覆压力，其变化范围如表 6-4 所示，得到结果如图 6-11 和图 6-12 所示。

表 6-4　容重和上覆压力取值

参数	取　值						
$\gamma_1/\mathrm{kN \cdot m^{-3}}$	20	21	22	23	24	25	26
p_0/kPa	0	50	100	150	200	250	300

从图 6-11（a）可以看出，胶结充填体安全系数 F 随上覆压力 p_0 增大而减

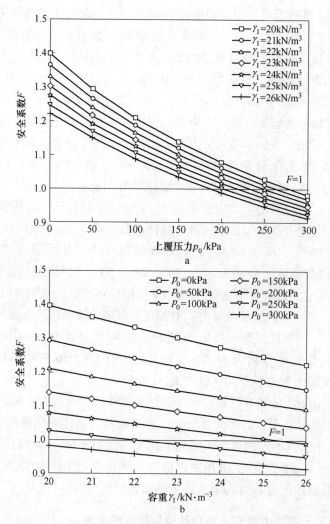

图 6-11 胶结充填体安全系数随上覆压力和容重的变化规律

a—安全系数随上覆压力的变化规律；b—安全系数随容重的变化规律

小，且二者近乎呈负指数函数关系。当上覆压力增大时，楔形滑动体下滑力增大、抗滑力同时也增大，但由于抗滑力增大幅度较抗滑力小，因此安全系数 F 随之减小。当容重 $\gamma_1 = 20kN/m^3$ 时，上覆压力 p_0 从 0 增加至 300kPa 的过程中，胶结充填体安全系数 F 减小约 29.7%；当容重 γ_1 分别为 $21kN/m^3$、$22kN/m^3$、$23kN/m^3$、$24kN/m^3$、$25kN/m^3$ 和 $26kN/m^3$ 时，胶结充填体安全系数 F 分别减小 28.9%、28.2%、27.4%、26.7%、26.0% 和 25.4%，表明容重 γ_1 发生变化时，上覆压力 p_0 对安全系数 F 的影响程度几乎一致。

从图 6-11b 可以看出，胶结充填体安全系数 F 随容重 γ_1 增大而减小，二者呈

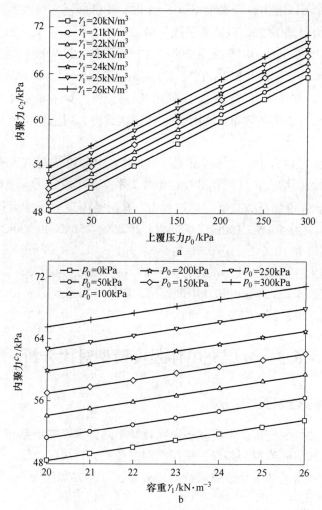

图 6-12 胶结充填体强度需求随上覆压力和容重的变化规律
a—强度需求随上覆压力变化规律；b—强度需求随容重变化规律

线性函数关系。当容重 γ_1 增大时，楔形滑动体下滑力随之增大，安全系数 F 随之减小。当上覆压力 $p_0 = 0$ 时，容重 γ_1 从 20 增加至 26kN/m^3 的过程中，胶结充填体安全系数 F 减小约 12.4%；当上覆压力 p_0 分别为 50kN、100kN、150kN、200kN、250kN 和 300KN 时，安全系数 F 分别减小 11.1%、10.0%、9.1%、8.3%、7.6% 和 7.0%，表明上覆压力 p_0 发生变化时，安全系数 F 对容重 γ_1 的敏感程度几乎一致。

综合分析图 6-11a 和 b 可知，胶结充填体安全系数 F 随上覆压力 p_0 增大而减小，随容重 γ_1 增大而减小。

从图 6-12a 可以看出，当安全系数 $F=1$ 时，中部胶结充填体所需内聚力 c_2 随上覆压力 p_0 的增大而增大，且两者呈线性函数关系。当容重 $\gamma_1=20\text{kN/m}^3$ 时，胶结充填体上覆压力 p_0 从 0 增加至 300kN 的过程中，其所需内聚力 c_2 增大约 35.9%；当容重 γ_1 分别为 21kN/m³、22kN/m³、23kN/m³、24kN/m³、25kN/m³ 和 26kN/m³ 时，其所需内聚力 c_2 分别增大 35.2%、34.6%、34.0%、33.4%、32.8% 和 32.3%，表明随容重 γ_1 的增大，所需内聚力 c_2 对上覆压力 p_0 的敏感程度差异不大。

从图 6-12b 可以看出，当安全系数 $F=1$ 时，中部胶结充填体所需内聚力 c_2 随容重 γ_1 的增大而增大，且两者呈线性函数关系。当上覆压力 $p_0=0$ 时，胶结充填体容重 γ_1 从 20 增加至 26kN/m³ 的过程中，其所需内聚力 c_2 增大约 11.3%；当上覆压力 p_0 分别为 50kN、100kN、150kN、200kN、250kN 和 300kN 时，其所需内聚力 c_2 分别增大 10.6%、10.0%、9.5%、9.1%、8.7% 和 8.3%，表明随着上覆压力 p_0 的增大，所需内聚力 c_2 对容重 γ_1 的敏感程度差异不大。

综合分析图 6-12a 和 b 可知，中部胶结充填体所需内聚力 c_2 随内摩擦角 φ 增大而减小、随侧压系数 v 的增大而增大。

6.5　分层充填体强度模型对比分析

6.5.1　滑动体安全系数对比分析

不同学者建立的充填体强度模型研究背景不同，因此侧重点和考虑的因素也不相同。为分析各强度模型差异，采用控制变量法，每次仅改变一个参数，然后对不同强度模型滑动体安全系数进行对比分析，计算方案如表 6-5 所示，计算结果如图 6-13 所示。

表 6-5　分层胶结充填体安全系数理论解计算方案

方案	结构面倾角/(°)	中间层高度/m	中间层内聚力/kPa	中间层内摩擦角/(°)	对应图号
1	VAR	20	70	30	6-13a
2	10	VAR	70	30	6-13b
3	10	20	VAR	30	6-13c
4	10	20	70	VAR	6-13d

图 6-13a 为分层胶结充填体安全系数随结构面倾角的变化规律。从图中可以看出，随结构面倾角增大，分层胶结充填体整体安全系数不断减小。结构面倾角增大，导致上部楔形滑动体所受合理沿结构面的分量增大，滑动体更易产生沿结

构面下滑的趋势，整体安全系数降低。图 6-13b 为安全系数与中间层高度之间的关系。从图中可以看到，分层胶结充填体安全系数随中间层高度增加而降低。中间层高度增加，两端高强度充填体高度减小，滑动面下脚面距采场底部高度 h_c 减小，且充填体抗破坏能力降低，导致安全系数降低。图 6-13c 为安全系数与中间层内聚力的关系。从图中可以看到，安全系数随内聚力增加而增大。中间层充填体内聚力增大，充填体细观颗粒之间的黏结力增大，抗破坏能力更强，整体安全系数更高。图 6-13d 为安全系数与中间层内摩擦角的关系，可以看到，安全系数随内摩擦角的增加而增大。内摩擦角增加，充填体细观颗粒之间的摩擦系数增大，颗粒抗剪切破坏能力更强，安全系数更高。

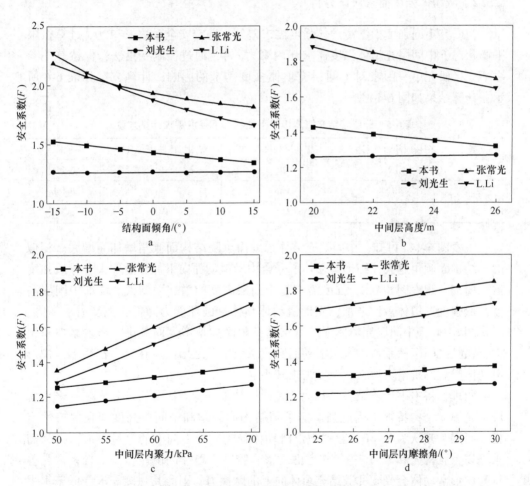

图 6-13 分层胶结充填体安全系数

a—结构面倾角对安全系数影响；b—中间层高度对安全系数影响；
c—中间层内聚力对安全系数影响；d—中间层内摩擦角对安全系数影响

将本书理论结果与其他学者的计算结果进行对比分析，刘光生等计算结果与本书存在差异的原因可能是由于其未考虑滑动面下脚面与采场底部之间的距离 h_c，认为滑动面下脚面与采场底部重合，导致上部楔形滑动体所受合力增大，安全系数更小，且刘光生等未考虑胶结充填体结构因素的影响，因此其安全系数与结构特征无关；张常光等计算结果与本书存在差异的原因可能在于其认为楔形滑动体会受到后壁非胶结充填体一个向上的摩擦力，使得楔形滑动体总体向下的合力减小，安全系数更大；L. Li 等忽略后壁非胶结充填体的侧压力，导致计算的安全系数高于本书。

6.5.2 滑动体强度需求对比分析

为研究不同强度模型滑动体强度需求差异，选定安全系数 $F = 1.0$，计算极限平衡状态下中间层充填体强度需求（内聚力 c_2），通过控制变量法，保持其他参数不变，研究单一因素对中间层充填体强度需求的影响，计算方案如表 6-6 所示，计算结果如图 6-14 所示。

表 6-6 分层胶结充填体极限平衡状态下强度需求计算方案

方案	结构面倾角/(°)	中间层高度/m	中间层内摩擦角/(°)	对应图号
1	VAR	20	30	6-14a
2	10	VAR	30	6-14b
3	10	20	VAR	6-14c

观察图 6-14a 可知，中间层充填体强度需求随结构面倾角增加而增大。相似的，结构面倾角越大，楔形滑动体所受合力沿滑动面向下的分量增大，导致强度需求增加。观察图 6-14b，强度需求随中间层高度的增加而增大。增加中间层高度，低强度充填体占比增加，楔形滑动体整体抗破坏能力降低，强度需求变大。观察图 6-14c，中间层充填体强度需求随其内摩擦角增大而减小。当内摩擦角增大，颗粒之间摩擦系数增大、滑动面摩擦系数也随之增大，在合力作用下，楔形滑动体受到的抗滑力增大，强度需求减小。

同理，将本书计算结果与其他学者计算结果进行对比分析。刘光生等未考虑胶结充填体结构特征，因此强度需求随结构面倾角和中间层高度变化保持恒定值，而因为其认为 $h_c = 0$，导致楔形滑动体受到的合力向下的分量更大，强度需求更高；张常光和 L. Li 等均未考虑后壁非胶结充填体的侧压作用，且张常光等认为楔形滑动体会受到非胶结充填体向上的摩擦力，因此其强度需求会低于本书计算值。

综合分析图 6-13 和图 6-14，本书考虑了胶结充填体结构因素的影响，而分层充填在大尺寸采空区填充过程中更加合理，分层胶结充填体既具有完整充填体

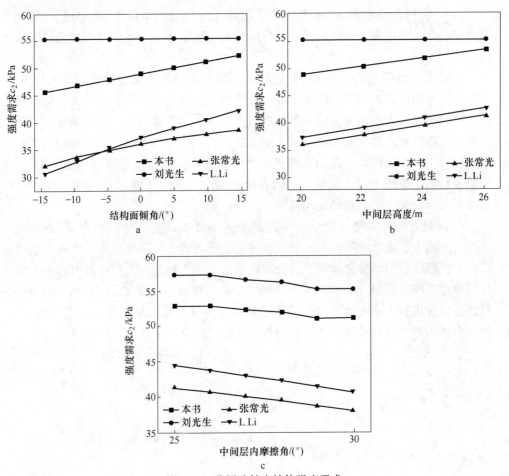

图 6-14 分层胶结充填体强度需求

a—强度需求与结构面倾角之间的关系；b—强度需求与中间层高度之间的关系；
c—强度需求与中间层内摩擦角之间的关系

的强度特征，也可在很大程度减少胶结剂花费，降低充填成本，因此有可能成为未来大尺寸采空区嗣后充填的一种更优选择。同时，本书未考虑相邻非胶结充填体施加给楔形滑动体的向上摩擦力，在进行强度需求分析时取值更加保守，分层胶结充填体的整体稳定性更高。

6.6　本章小结

　　基于 Mohr-Coulomb 准则，考虑结构特性，建立了分层胶结充填体前壁揭露、后壁受压安全系数模型及强度需求模型，同时分析了各因素对安全系数及强度需求的影响，得到以下结论：

（1）基于 Mohr-Coulomb 破坏准则，构建了滑动面完全位于第一分层，滑动面贯穿一、二分层和滑动面贯穿三个分层的胶结充填体安全系数模型和强度需求模型。

（2）分层胶结充填体安全系数随宽度的增大而增大，随长度的增大而减小；中部胶结充填体所需内聚力随宽度的增大而减小，随长度的增大而增大。安全系数随黏结比的增大而增大，随黏聚比的增大而减小；所需内聚力随黏结比的增大而减小，随黏聚比的增大而增大。安全系数随内摩擦角增大而增大、随侧压系数增大而减小，所需内聚力随内摩擦角的增大而减小，随侧压系数的增大而增大。安全系数随上覆压力增大而减小，随容重 γ_1 增大而减小；所需内聚力随上覆压力的增大而增大、随容重的增大而增大。

（3）刘光生等未考虑滑动面下脚面距采场底部高度，导致安全系数偏小，强度需求偏大；张常光等认为楔形滑动体会受到后壁非胶结充填体一个向上的摩擦力，使得楔形滑动体总体向下的合理减小，安全系数偏大，强度需求偏小；L. Li 等忽略后壁非胶结充填体侧压力作用，安全系数偏高、强度需求偏小。综合分析认为，在进行大高宽比胶结充填体稳定性计算分析时，应结合采场实际情况，选取合理的理论计算模型，才能更加符合实际，计算结果才会更加准确和可靠。

7 分层充填体强度与结构优化研究及应用

7.1 研究背景

大冶铁矿隶属于武汉钢铁集团矿业有限责任公司，位于湖北省黄石市铁山区，矿区自西向东有六大矿体，如图 7-1 所示，其中铁门坎、龙洞、尖林山属于尖林山车间为地下开采；而象鼻山、狮子山、尖山属于东采车间，原为露天开采，自 2003 年由露天转为地下开采。

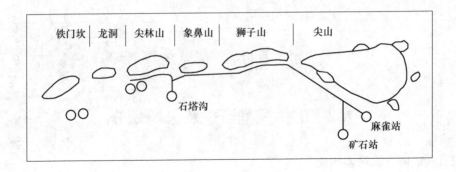

图 7-1 大冶铁矿主要矿体分布图

2003 年，大冶铁矿由露天开采转为地下开采，开采对象为狮子山矿段和尖山矿段−24～−200m 之间的矿体，年产量 40×10^4t，工程地质剖面如图 7-2 所示。

本书着重针对狮子山−120～−180m 阶段矿体进行考察研究。在−120～−180m 阶段范围，主矿体的东西走向约为 300m，倾角 70°～90°，矿体两端端部较为窄小，平均水平厚度为 26m，中部较厚部分矿体可达 40～50m，属于典型的急倾斜中厚至厚矿体。

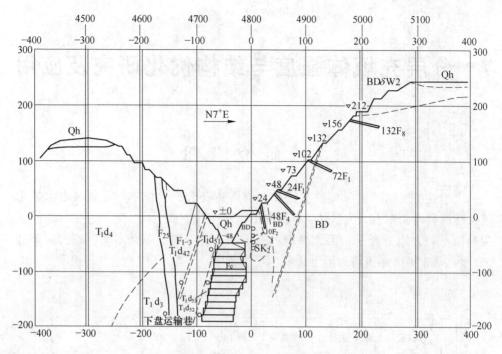

图 7-2 大冶铁矿露天转地下开采工程地质剖面图

7.2 矿体三维模型及采场划分

7.2.1 矿体三维模型构建

采用 Surpac 软件建立了大冶铁矿狮子山-120~-180m 阶段嗣后充填法开采采场三维模型图,如图 7-3 所示,从图中可以看出-120~-180m 阶段矿体的主要特点为:

(1) 矿体为急倾斜矿体,矿体倾角为 70°~90°;

(2) 矿体东西走向约 300m,矿体形态、产状变化大;

(3) 矿体中部厚大,最大可达 50m,东西两端端部窄小,平均厚度为 26m。

7.2.2 阶段嗣后充填法采场划分

选择井下-120~-180m 阶段作为分段凿岩阶段嗣后胶结充填法开采的试验采场,共划分-133m、-146m、-159m 和-171m 四个分段水平。其中,于-171m 分段水平布置底部结构,-171~-180m 作为底柱,于-171m 分段沿脉巷外施工到-180m 的溜井,负责-171m 集中出矿通道。为采场自西向东划分为 19 个矿块并

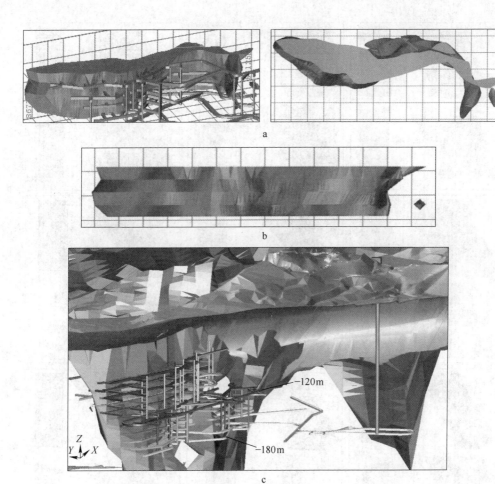

图 7-3 大冶铁矿狮子山矿区-120~-180m 阶段 Surpac 三维模型

a—-120~-180m 阶段矿体三维模型；b—-120~-180m 阶段矿体主视图；

d—-120~-180m 阶段嗣后充填法开采采场三维模型图

标号（301 号~319 号），其中矿房和矿柱交错布置，矿房 9 个，矿柱 10 个，矿块垂直矿体走向布置，阶段高度为 60m，矿房和矿柱宽度为 15m，矿块长为矿体水平厚度（20~30m），矿体平均厚度约 26m。9 个矿房空间三维立体图如图 7-4 所示，9 个矿房空间结构形态统计如表 7-1 所示。

矿块回采方式为：隔一采一，即首先回采矿房，待矿房回采完毕，采用胶结尾砂充填体进行一次充填，待胶结充填体达到许可强度后开采相邻矿柱，矿柱回采完毕后，采用非胶结尾砂充填体进行二次充填，分段凿岩阶段嗣后充填法标准三视图如图 7-5 所示。

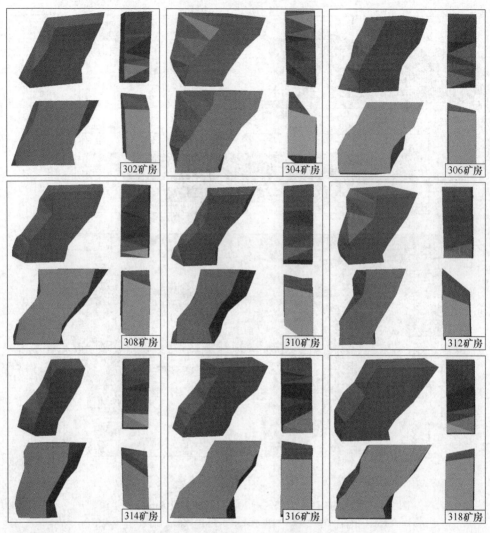

图 7-4　各矿房三维立体图

表 7-1　各矿房空间形态统计

矿房编号	矿体倾角/(°)	矿房长度/m	矿房宽度/m	矿房高度/m
302	85	30	15	60
304	70	25	15	60
306	75	30	15	60
308	70	20	15	60
310	75	20	15	60
312	80	20	15	60

续表 7-1

矿房编号	矿体倾角/(°)	矿房长度/m	矿房宽度/m	矿房高度/m
314	80	25	15	60
316	80	30	15	60
318	75	25	15	60

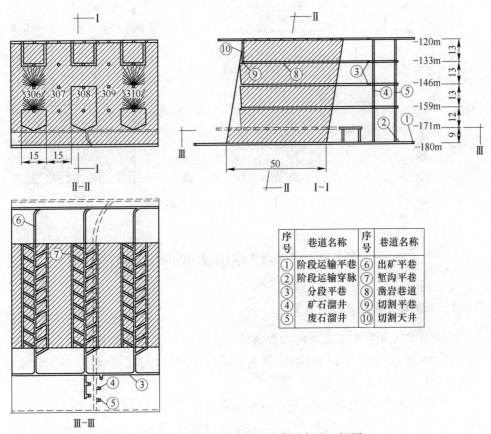

序号	巷道名称	序号	巷道名称
①	阶段运输平巷	⑥	出矿平巷
②	阶段运输穿脉	⑦	堑沟平巷
③	分段平巷	⑧	凿岩巷道
④	矿石溜井	⑨	切割平巷
⑤	废石溜井	⑩	切割天井

图 7-5 分段凿岩阶段嗣后充填法标准三视图

7.2.3 阶段嗣后充填法分层充填工艺

综合前面的分析可知，若采空区全阶段采用单一灰砂比进行充填，灰砂比太高会导致成本大大增加，灰砂比太低会导致充填体稳定性显著降低。因此，结合大冶铁矿阶段嗣后充填法工业试验，采用阶段分层充填，即顶部和底部采用高灰砂比（1∶4）充填体充填，中间部位采用低灰砂比（1∶6~1∶10）充填体充填，这样既能满足强度需求，又能大大降低充填成本。大冶铁矿分层充填方案如表7-2 和图7-6 所示。

表 7-2 分层充填方案

参 数	顶 部	中 部	底 部
高度/m	10~14	32~40	10~14
灰砂比	1:4	1:6~1:10	1:4

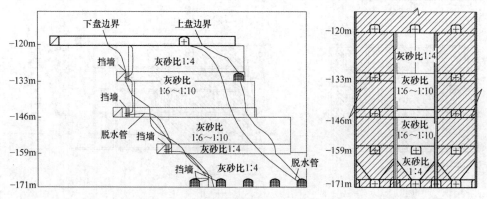

图 7-6 大冶铁矿 310 矿房分层充填方案

7.3 阶段嗣后分层充填体强度需求计算

7.3.1 充填体强度需求理论计算

为了计算大冶铁矿不同结构参数条件下，矿房分层充填体中间层强度需求，引入本书第 6 章构建的分层充填体强度需求理论计算公式，分别为式（6-14）、式（6-30）和式（6-47）。

一步骤矿房采场胶结充填体顶部和底部分层参数分别为：容重 $\gamma_1 = 24 \text{kN/m}^3$、内摩擦角 $\varphi_1 = 30°$、内聚力 $c_1 = 200 \text{kPa}$、顶部和底部高度 $h_1 = 12\text{m}$、底部和底部胶结充填体与围岩之间的黏结力比值 $r_1 = 0.2$；中间层充填体参数分别为：容重 $\gamma_2 = 22 \text{kN/m}^3$、内摩擦角 $\varphi_2 = 30°$、中间层胶结充填体与围岩之间的黏结力比值 $r_2 = 0.2$、中间层高度 $h_2 = 36\text{m}$、分层面角度 $\beta = 0°$；胶结充填体楔形滑动体滑动面与水平面之间的夹角 $\alpha = 45° + \varphi/2 = 60°$。二步骤矿柱采场非胶结充填体参数分别为：容重 $\gamma_\mu = 18 \text{kN/m}^3$、内摩擦角 $\varphi_1 = 20°$、内聚力 $c_1 = 0 \text{kPa}$、非胶结充填体对相邻胶结充填体侧压系数 $v = 0.2$。阶段高度 $H = 60\text{m}$、采场长度 $L = 20 \sim 30\text{m}$、采场宽度 $B = 15\text{m}$、矿体倾角 $\gamma = 70° \sim 90°$。

将上述参数分别代入第 6 章中的公式（6-14）、式（6-30）和式（6-47），即可得到各矿房分层充填体中间层强度需求解析值，结果如表 7-3 所示。

表 7-3　矿房分层胶结充填体中间层强度需求解析值

矿房编号	矿房倾角/(°)	矿房长度/m	中间层高度/m	分层面角度/(°)	中间层强度需求/kPa
302	85	30	36	0	158
304	70	25	36	0	136
306	75	30	36	0	150
308	70	20	36	0	124
310	75	20	36	0	132
312	80	20	36	0	134
314	80	25	36	0	145
316	80	25	36	0	154
318	75	25	36	0	140

7.3.2　充填体强度需求数值计算

以大冶铁矿阶段嗣后充填法开采为背景，构建三个相邻的采场，中间为矿房，两侧为矿柱。按照矿山实际采充顺序，先开采中间矿房，然后采用尾砂胶结充填中间矿房采空区，随后开采一侧矿柱，之后采用尾砂非胶结充填矿柱采空区，最后开采矿房另一侧矿柱，使矿房采空区胶结充填体一侧揭露，另一侧受到非胶结充填体侧压作用。根据这一采充过程，编制 FLAC3D 数值计算流程（如图 7-7 所示），并迭代搜索计算了该采充过程中一步矿房采场胶结充填体强度需求值。

在 FLAC3D 数值模型中，矿岩均假设成各向同性且服从线弹性本构关系的结构体，其物理力学参数如表 7-4 所示。一步骤采场胶结充填体和二步骤采场非胶

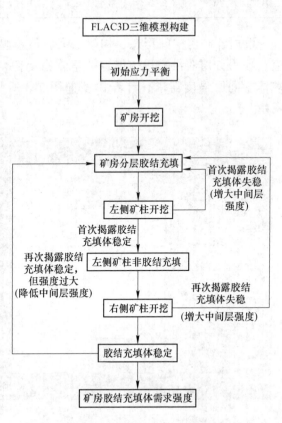

图 7-7　矿房分层胶结充填体中间层强度需求数值解搜索计算流程

结充填体均假设成服从摩尔-库仑破坏准则的弹塑性结构体，其物理力学参数及其与围岩接触面参数与 5.2 小节一致。另外，矿房采场中充填体上、中和下三个分层依次充填，当下一分层固结之后再进行上一分层的充填，因此数值计算时采用分次加载，而矿柱采场中非胶结充填一次加载完成。

表 7-4　数值计算模型材料参数

材料名称	体积模量 /GPa	剪切模量 /GPa	内聚力 /MPa	内摩擦角 /(°)	抗拉强度 /MPa	密度 /kg·m^{-3}
矿体	6.0	3.3	2.4	40	6.0	4040
上盘围岩	4.2	2.8	2.1	40	3.8	2700
下盘围岩	3.9	2.6	2.0	38	3.6	2520
其他围岩	4.2	2.8	2.1	40	3.8	2700

根据各矿房空间形态，构建三维数值模型，不断调整中间层充填体强度值，使得分层胶结充填体能保持整体稳定性，从而确定不同采场分层胶结充填体中间层强度需求，计算模型如图 7-8 所示，计算结果如图 7-9 ~ 图 7-17 所示。

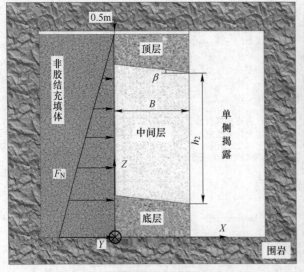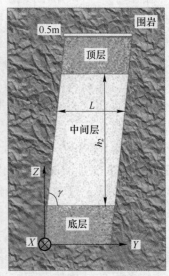

图 7-8　充填体强度需求数值计算模型

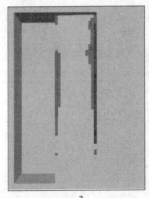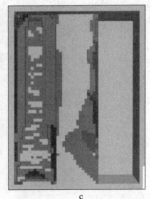

a   b   c

图 7-9 302 矿房胶结充填体塑性区分布图

a—首次揭露时稳定，$c=150kPa$；b—再次揭露时失稳，$c=150kPa$；c—再次揭露时稳定，$c=160kPa$

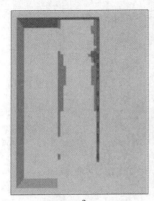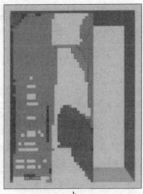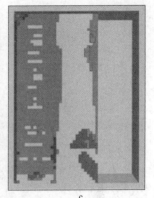

a   b   c

图 7-10 304 矿房胶结充填体塑性区分布图

a—首次揭露时稳定，$c=120kPa$；b—再次揭露时失稳，$c=120kPa$；c—再次揭露时稳定，$c=130kPa$

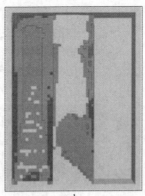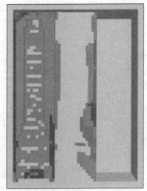

a   b   c

图 7-11 306 矿房胶结充填体塑性区分布图

a—首次揭露时稳定，$c=140kPa$；b—再次揭露时失稳，$c=140kPa$；c—再次揭露时稳定，$c=150kPa$

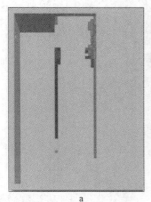 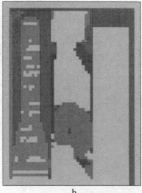 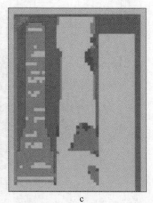

a   b   c

图 7-12 308 矿房胶结充填体塑性区分布图

a—首次揭露时稳定，$c=120$kPa；b—再次揭露时失稳，$c=120$KPa；c—再次揭露时稳定，$c=130$kPa

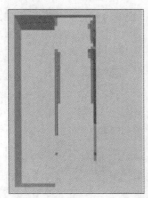 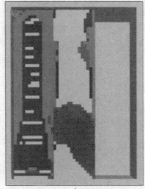 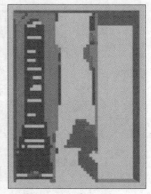

a   b   c

图 7-13 310 矿房胶结充填体塑性区分布图

a—首次揭露时稳定，$c=120$kPa；b—再次揭露时失稳，$c=120$kPa；c—再次揭露时稳定，$c=130$kPa

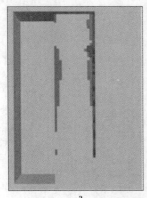 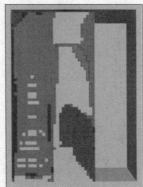 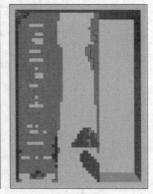

a   b   c

图 7-14 312 矿房胶结充填体塑性区分布图

a—首次揭露时稳定，$c=120$kPa；b—再次揭露时失稳，$c=120$kPa；c—再次揭露时稳定，$c=130$kPa

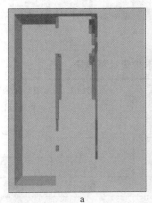

图 7-15　314 矿房胶结充填体塑性区分布图

a—首次揭露时稳定，$c=130$kPa；b—再次揭露时失稳，$c=130$kPa；c—再次揭露时稳定，$c=140$kPa

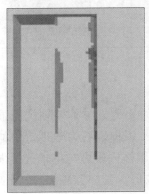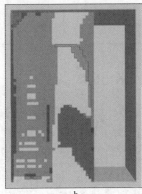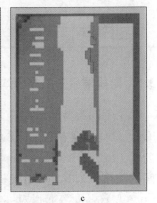

图 7-16　316 矿房胶结充填体塑性区分布图

a—首次揭露时稳定，$c=140$kPa；b—再次揭露时失稳，$c=140$kPa；c—再次揭露时稳定，$c=150$kPa

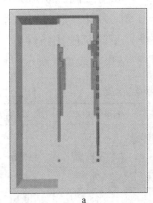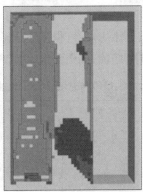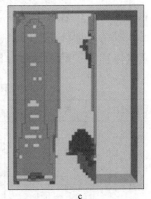

图 7-17　318 矿房胶结充填体塑性区分布图

a—首次揭露时稳定，$c=140$kPa；b—再次揭露时失稳，$c=140$kPa；c—再次揭露时稳定，$c=150$kPa

根据图 7-9~图 7-17 中数值计算的结果，可以得到每个矿房中分层胶结充填体中间层强度需求值，如表 7-5 所示。

表 7-5 矿房分层胶结充填体中间层强度需求数值计算结果

矿房编号	矿房倾角 /(°)	矿房长度 /m	中间层高度 /m	分层面角度 /(°)	中间层强度 需求/kPa
302	85	30	36	0	160
304	70	25	36	0	130
306	75	30	36	0	150
308	70	20	36	0	130
310	75	20	36	0	130
312	80	20	28	0	130
314	80	25	36	0	140
316	80	30	36	0	150
318	75	25	36	0	150

7.3.3 阶段嗣后分层充填体灰砂比选取

对于不同类型的胶结充填体，表征强度需求的内聚力 c 与其单轴抗压强度（UCS）之间通常存在一定的比例关系（$M = c/\text{UCS}$）。根据岩石力学理论中的换算公式（$\text{UCS} = 2c/(1 - \sin\varphi)$）可以用来表征胶结充填体内聚力与单轴抗压强度之间的关系。刘光生等的论文中介绍了几种 M 的取值。其中，Mitchell 等取值 $M = 0.5$。Arioglu 等通过对一系列胶结充填体的强度测试，最后根据试验结果取值 $M = 0.18$。Askew 等通过对某铅矿胶结充填体强度测试，取值 $M = 0.35$。

通过学者们的研究可知，通常 M 的取值范围为 0.1~0.5 之间，M 取值越小结果越保守。结合大冶铁矿开采实际，本书选取 $M = 0.2$。另外，通过对大冶铁矿尾砂胶结充填体进行单轴压缩试验，可得到不同浓度、不同灰砂比条件下，胶结充填体在养护龄期为 28d 时的单轴抗压强度（UCS），结果如表 7-6 所示。

表 7-6 大冶铁矿胶结充填体 28d 单轴抗压强度

灰砂比	料浆浓度/%	UCS/MPa	灰砂比	料浆浓度/%	UCS/MPa
1:4	65	2.15	1:8	65	1.05
	68	2.88		68	1.36
	70	3.68		70	1.78
1:6	65	1.34	1:10	65	0.61
	68	1.60		68	0.79
	70	2.13		70	1.14

根据表 7-6 中的数据，分别绘制了胶结充填体单轴抗压强度与灰砂比、料浆浓度之间的变化关系曲线，如图 7-18 所示。

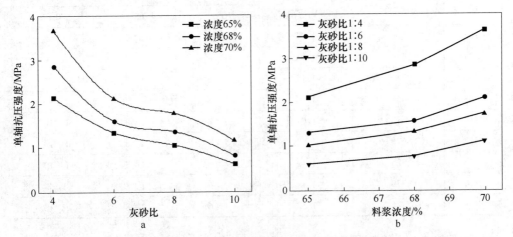

图 7-18 单轴抗压强度与灰砂比、料浆浓度变化关系

a—灰砂比；b—料浆浓度

结合 7.5 小节和 7.6 小节解析计算和数值计算结果，取两种方法计算的强度需求中的最大值，结果如表 7-7 所示。

表 7-7 矿房采场中间层充填体 UCS 取值

矿房编号	中间层充填体内聚力要求/kPa			UCS 需求/kPa
	理论计算解	数值计算解	最终取值	
302	158	160	160	800
304	136	130	136	680
306	150	150	150	750
308	124	130	130	650
310	132	130	135	675
312	134	130	134	670
314	145	140	145	725
316	154	150	154	770
318	140	150	150	725

许多学者研究发现，现场胶结充填体单轴抗压强度通常为实验室测试结果的 65% 左右。因此，可得到大冶铁矿不同条件下中间层充填体灰砂比取值，结果如表 7-8 所示。

表 7-8   矿房采场中间层充填体灰砂比取值

矿房编号	矿房 UCS 需求/kPa	实验室 UCS 需求/MPa	料浆浓度		
			65%	68%	70%
302	800	1.23	1:6	1:6	1:8
304	680	1.05	1:8	1:8	1:10
306	750	1.15	1:6	1:8	1:8
308	650	1.00	1:8	1:10	1:10
310	675	1.04	1:8	1:8	1:10
312	670	1.03	1:8	1:8	1:10
314	725	1.12	1:6	1:8	1:10
316	770	1.18	1:6	1:8	1:8
318	725	1.12	1:6	1:8	1:10

根据表 7-8 中的数据可知，在实际充填过程中，料浆灰砂比的取值不仅与采场结构参数、矿体赋存条件有密切关系，而且与料浆浓度也有很大关系。当料浆浓度较小时，可适当增大灰砂比，而当料浆浓度较大时，可适当减小灰砂比，这样当充填料浆到达采场时，其强度才能满足要求。

7.4   矿房充填体结构优化分析

通过第 5 章分层胶结充填体应力及位移分布分析及本章 7.3 小节分层胶结充填体塑性区状态分析可知，在胶结充填体中应力从上到下不断增大，塑性区破坏也最先在最下面发生，因此考虑调整充填体结构，在尽量降低胶结剂用量的同时能保持充填体整体稳定性。

通过前面的分析，充填体中应力从上到下不断增加，塑性破坏区均分布在充填体底部，因此考虑从上到下依次增加充填体强度，因为最顶部需要考虑上一阶段矿石回收时作为假底以减少矿石贫化，在充填体顶部设置 3m 高度的高配比区域，其余区域从上到下依次将配比设置为 1:10、1:6 和 1:4，胶结充填体优化后的结构如图 7-19 所示。充填体总共划分为 4 层，最上面分层 h_4 高度保持 3m 不变，其余 3 个分层高度根据采场条件进行数值计算获取。因所有采场计算过程类似，仅列举有代表性的 3 个矿房进行分析。

图 7-20 为矿房 302 结构优化图和矿房充填体中塑性区分布图。矿房 302 矿体倾角为 85°，矿体水平厚度为 30m。由图 7-20 可知，矿房 302 优化后的 4 个分层高度分别为 10m、18m、29m 和 3m，阶段高度为 60m，此时矿房充填体能保持整体稳定。

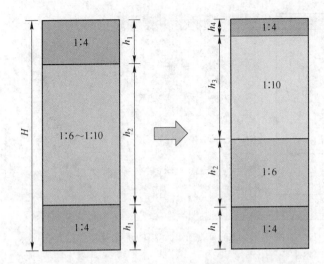

图 7-19　充填体结构优化示意图

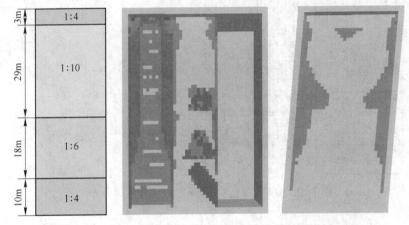

图 7-20　302 矿房充填体结构优化及塑性区分布

　　图 7-21 为矿房 308 结构优化图和矿房充填体中塑性区分布图。矿房 308 矿体倾角为 70°，矿体水平厚度为 20m。由图 7-21 可知，矿房 308 优化后的 4 个分层高度分别为 5m、10m、42m 和 3m，阶段高度为 60m，此时矿房充填体能保持整体稳定。

　　图 7-22 为矿房 314 结构优化图和矿房充填体中塑性区分布图。矿房 314 矿体倾角为 80°，矿体水平厚度为 25m。由图 7-22 可知，矿房 314 优化后的 4 个分层高度分别为 6m、16m、35m 和 3m，阶段高度为 60m，此时矿房充填体能保持整体稳定。

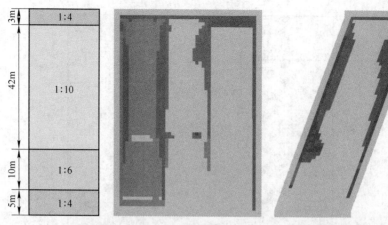

图 7-21　308 矿房充填体结构优化及塑性区分布

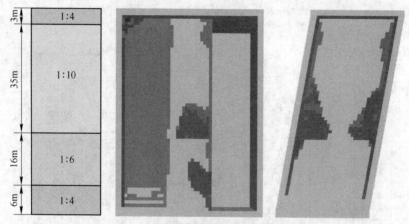

图 7-22　314 矿房充填体结构优化及塑性区分布

　　同理，通过数值计算即可得到其余矿房胶结充填体结构优化后的参数，本书不再单独列举。表 7-9 为所有矿房充填体结构优化后各分层高度及灰砂比。

表 7-9　矿房充填体结构优化后各分层高度及灰砂比

矿房编号	高度/m				灰砂比			
	h_1	h_2	h_3	h_4	一分层	二分层	三分层	四分层
302	8	18	31	3	1:4	1:6	1:10	1:4
304	5	16	36	3	1:4	1:6	1:10	1:4
306	8	14	35	3	1:4	1:6	1:10	1:4
308	5	10	42	3	1:4	1:6	1:10	1:4

矿房编号	高度/m				灰砂比			
	h_1	h_2	h_3	h_4	一分层	二分层	三分层	四分层
310	5	16	36	3	1:4	1:6	1:10	1:4
312	5	14	38	3	1:4	1:6	1:10	1:4
314	6	16	35	3	1:4	1:6	1:10	1:4
316	8	16	33	3	1:4	1:6	1:10	1:4
318	8	14	35	3	1:4	1:6	1:10	1:4

优化充填体结构的最终目的在于减少充填体中胶结剂用量以降低充填成本，表 7-10 为矿房充填体结构优化前后胶结剂用量对比结果。

观察表 7-10 可知，胶结充填体结构优化后，胶结剂用量均大幅减少，302 矿房胶结剂减少量最多，减少率也最大，减少量为 2197t，减少率为 26.2%；308 矿房胶结剂减少量最少，减少量为 763t，316 矿房胶结剂减少率最小，减小率为 16.8%。总体而言，胶结充填体结构优化后胶结剂用量减少率大约为 20%。

表 7-10　矿房充填体结构优化前后胶结剂用量对比

矿房编号	胶结用量/t		胶结剂用量变化	
	优化前	优化后	减少量/t	减少率/%
302	8362	6165	2197	26.2
304	6079	4802	1277	21.0
306	7295	5971	1324	18.1
308	4411	3648	763	17.3
310	4863	3842	1021	21.0
312	4863	3777	1086	22.3
314	6079	4887	1192	19.6
316	7295	6068	1227	16.8
318	6079	4976	1103	18.1

7.5　本　章　小　结

以武钢大冶铁矿狮子山矿区为研究背景，结合理论计算与数值计算，确定分层胶结充填体中间层强度需求，进而确定各矿房采场充填体灰砂比需求，从而对料浆灰砂比进行优化调节以满足充填要求。

（1）利用大冶铁矿狮子山矿区各分段平面图，借助 Surpac 建模软件建立了

−120~−180m 区域矿体三维模型,根据现场实际情况,对构建的矿体三维模型进行划分,得到各矿房空间结构参数。

(2)依托第 6 章推导建立的分层胶结充填体强度需求三维解析模型,根据各矿房采场结构参数,得到每个矿房分层胶结充填体中间层强度需求解析值。借助 FLAC3D 数值计算软件,建立与矿房结构参数一致的三维数值计算模型,代入前面章节获取的剩余参数,迭代搜索计算得到各矿房分层胶结充填体中间层强度需求数值解。

(3)结合解析解和数值解结果,确定各矿房分层胶结充填体中间层强度需求最终内聚力,根据大冶铁矿充填体实验室力学参数,进而得到各矿房分层胶结充填体中间层最终灰砂比需求,进而指导充填料浆配比调节优化。

(4)根据矿房充填体应力及塑性区分布特征,对充填体结构进行优化调整,优化后的矿房充填体结构为四层,顶部 3m 为高灰砂比假定结构,其余区域从上到下灰砂配比依次增大,各分层高度根据采场结构形态进行数值计算调整。充填体结构经过优化之后,胶结剂用量减少约 20%,优化后的充填体结构更加合理。

参 考 文 献

［1］ Zhiqiang Yang, Shuhua Zhai, Qian Gao, et al. Stability analysis of large-scale stope using stage subsequent filling mining method in Sijiaying iron mine ［J］. Journal of Rock Mechanics and Geotechnical Engineering, 2015, 7: 87~94.

［2］ Shenghua Yin, Yajian Shao, Aixiang Wu, et al. Assessment of expansion and strength properties of sulfidic cemented paste backfill cored from deep underground stopes ［J］. Construction and Building Materials, 2020, 230: 1~8.

［3］ Bluhms, Biffim. Variation in ultra-deep, narrow reef stoping configuration and effects on cooling and ventilation ［J］. The journal of the south African institute of mining and metallurgy, 2001, 101: 127~134.

［4］ 张传信. 空场嗣后充填采矿方法在黑色金属矿山的应用前景 ［J］. 金属矿山, 2009, (11): 257~260.

［5］ Darling P. SME mining engineering handbook ［M］. Third edition, Denver: Society for Mining, Metallurgy, and Exploration, Colorado, 2011.

［6］ Amin Mousavi, Ewan Sellers. Optimisation of production planning for an innovative hybrid underground mining method ［J］. Resources Policy, 2019, 62: 184~192.

［7］ 曹帅. 胶结充填体结构与动力学特性研究及应用 ［D］. 北京: 北京科技大学, 2017.

［8］ 汪杰, 宋卫东, 谭玉叶, 等. 水平分层胶结充填体损伤本构模型及强度准则 ［J］. 岩土力学, 2019, 40 (5): 1~9.

［9］ Li Hong, Wu Aixiang, Wang Hongjiang. Evaluation of short-term strength development of cemented backfill with varying sulphide contents and the use of additives ［J］. Journal of Environmental Management, 2019, 239: 279~286.

［10］ Cao Shuai, Zheng Di, Erol Yilmaz, et al. Strength development and microstructure characteristics of artificial concrete pillar considering fiber type and content effects ［J］. Construction and Building Materials, 2020, 256.

［11］ Drissa Ouattara, Tikou Belem, Mamert Mbonimpa, et al. Effect of superplasticizers on the consistency and unconfined compressive strength of cemented paste backfills ［J］. Construction and Building Materials, 2018, 181: 59~72.

［12］ Erol Yilmaz, Tikou Belem, Mostafa Benzaazoua. Specimen size effect on strength behavior of cemented paste backfills subjected to different placement conditions ［J］. Engineering Geology, 2018, 185: 52~62.

［13］ Wang Yong, Mamadou Fall, Wu Aixiang. Initial temperature-dependence of strength development and self-desiccation in cemented paste backfill that contains sodium silicate ［J］. Cement and Concrete Composites, 2016, 67: 101~110.

［14］ Wu Aixiang, Wang Yong, Hongjiang Wang. Estimation model for yield stress of fresh uncemented thickened tailings: Coupled effects of true solid density, bulk density, and solid concentration ［J］. International Journal of Mineral Processing, 2015, 143: 117~124.

[15] Wu D, Sun G H, Liu Y C. Modeling the thermo-hydro-chemical behavior of cemented coal gangue-fly ash backfill [J]. Construction and Building Materials, 2016 (11): 522~528.

[16] Jiang H Q, Mamadou Fall. Yield stress and strength of saline cemented tailings in sub-zero environments: Portland cement paste backfill [J]. International Journal of Mineral Processing, 2017 (160): 68~75.

[17] Xu Wenbin, Li Qianlong, Zhang Yalun. Influence of temperature on compressive strength, microstructure properties and failure pattern of fiber-reinforced cemented tailings backfill [J]. Construction and Building Materials, 2019, 222: 776~785.

[18] 徐文彬, 万昌兵, 田喜春. 温度裂隙对充填体强度耦合效应及裂纹扩展模式 [J]. 采矿与安全工程学报, 2018, 35 (3): 612~619.

[19] Cheng Haiyong, Wu Shunchuan, Li Hong, et al. Influence of time and temperature on rheology and flow performance of cemented paste backfill [J]. Construction and Building Materials, 2020, 231: 117.

[20] M Fall, S S Samb. Effect of high temperature on strength and microstructural properties of cemented paste backfill [J]. Fire Safety Journal, 2009 (44): 642~651.

[21] M Fall, M Pokharel. Coupled effects of sulphate and temperature on the strength development of cemented tailings backfills: Portland cement-paste backfill [J]. Cement & Concrete Composites, 2010 (32): 819~828.

[22] 李凯兵. 温度影响下尾砂胶结充填体单轴压缩的力学及声发射特性研究 [D]. 武汉: 武汉科技大学, 2019.

[23] 门瑞营, 赵润康. 胶结充填体热-力-损伤行为模拟及试验分析 [J]. 矿业研究与开发, 2019, 39 (1): 22~27.

[24] 刘永涛. 不同龄期尾砂胶结充填体单轴压缩破坏的声发射及断口分形特征 [D]. 武汉: 武汉科技大学, 2018.

[25] Zhou Xinlong, Hu Shaohua, Zhang Guang, et al. Experimental investigation and mathematical strength model study on the mechanical properties of cemented paste backfill [J]. Construction and Building Materials, 2019, 226: 524~533.

[26] Cao Shuai, Erol Yilmaz, Song Weidong. Fiber type effect on strength, toughness and microstructure of early age cemented tailings backfill [J]. Construction and Building Materials, 2019, 223: 44~54.

[27] Chen Xin, Shi Xiuzhi, Zhou Jian, et al. Effect of overflow tailings properties on cemented paste backfill [J]. Journal of Environmental Management, 2019, 235: 133~144.

[28] Xue Gaili, Erol Yilmaz, Song Weidong, et al. Analysis of internal structure behavior of fiber reinforced cement-tailings matrix composites through X-ray computed tomography [J]. Composites Part B, 2019, 175: 107091.

[29] Xue Gaili, Erol Yilmaz, Song Weidong, et al. Mechanical, flexural and microstructural properties of cement-tailings matrix composites: Effects of fiber type and dosage [J]. Composites Part B, 2019, 172: 131~142.

［30］Xue Gaili，Erol Yilmaz，Song Weidong，et al. Influence of fiber reinforcement on mechanical behavior and microstructural properties of cemented tailings backfill ［J］. Construction and Building Materials，2019，213：275～285.

［31］Ayhan Kesimal，Erol Yilmaz，Bayram Ercikdi，et al. Effect of properties of tailings and binder on the short-and long-term strength and stability of cemented paste backfill ［J］. Materials Letters，2005，59：3703～3709.

［32］Bayram Ercikdi，Ferdi Cihangir，Ayhan Kesimal，et al. Utilization of water-reducing admixtures in cemented paste backfill of sulphide-rich mill tailings ［J］. Journal of Hazardous Materials，2010（179）：940～946.

［33］Li X B，Du J，Gao L，et al. Immobilization of phosphogypsum or cemented paste backfill and its environmental effect ［J］. Journal of Cleaner Production，2017（156）：137～146.

［34］赵泽民，陈伟，李秋，等. 尾矿粉对充填体力学性能和微观结构的影响 ［J］. 武汉理工大学学报，2018，40（6）：16～21.

［35］Brown E T，Brady B H G. 地下采矿岩石力学 ［M］. 冯树仁，余诗刚，等译. 北京：煤炭工业出版社，1986.

［36］Yamaguchi U，Yamatomi J. A consideration on the effect of backfill for the ground stability ［J］. International Journal of Rock Mechanics and Mining Sciences，1985，22（3）：443～451.

［37］Yamaguchi U，Yamatomi J. An experiment study to investigate the effect of backfill for the ground stability ［M］. Balkema：Rotterdam.

［38］Merno O. et al. The support capabilities of rock fill experiment study. Application of rock mechanics to cut-and-fill mining ［J］. Inst. Min. Met，Longdon，1981.

［39］Yu Xin，Song Weidong，Tan Yuye，et al. Energy dissipation and 3d fracturing of Backfill-encased-rock under triaxial compression ［J］. Construction and Building Materials，2022，341：127877.

［40］Yu Xin，John K，Tan Yuye，et al. Mechanical properties and fracturing of rock-backfill composite speciments under triaxial compression ［J］. Construction and Building Materials，2021，304：124577.

［41］于学馥. 岩石记忆与开挖理论 ［M］. 北京：冶金工业出版社，1993.

［42］周先明. 金川二矿区1号矿体大面积充填体-岩体稳定性有限元分析 ［J］. 岩石力学与工程学报，1993，12（2）：95～104.

［43］宋卫东，朱鹏瑞，戚伟，等. 三轴作用下岩柱-充填体试件耦合作用机理研究 ［J］. 采矿与安全工程学报，2017，34（3）：573～579.

［44］宋卫东，任海峰，曹帅. 侧限压缩下充填体与岩柱相互作用机理 ［J］. 中国矿业大学学报，2016，45（1）：49～55，95.

［45］刘光生. 充填体与围岩接触成拱作用机理及强度模型研究 ［D］. 北京：北京科技大学，2017.

［46］Hu K X，Kemeny J. Fracture mechanics analysis of the effect of backfill on the stability of cut and fill mine workings ［J］. International Journal of Rock Mechanics and Mining Science，

1994, 31 (3): 231~241.

[47] Gurtunca R G, Adams D J. Rock-engineering monitoring programme at West Driefontein gold mine [J]. Journal of The South African Institute of Mining and Metallurgy, 1991, 91 (12): 423~433.

[48] Gundersen R E. Hydro-power. Extracting the coolth [J]. Journal of The South African Institute of Mining and Metallurgy, 1990, 90 (5): 103~109.

[49] Jones M Q W, Rawlins C A. Thermal properties of backfill from a deep South African gold mine [J]. Journal of the Mine Ventilation Society of South African, 2001, 54 (4): 100~105.

[50] 王志国, 王梅, 张国庆, 等. 充填体与围岩组合模型剪切破裂红外辐射特征研究 [J]. 矿产保护与利用, 2016, 10 (5): 64~69.

[51] 于世波, 杨小聪, 董凯程, 等. 空场嗣后充填法充填体对围岩移动控制作用时空规律研究 [J]. 采矿与安全工程学报, 2015, 31 (3): 74~79.

[52] 谭玉叶, 余昕, 宋卫东, 等. 充填体与围岩组合承压作用机理试验研究 [J]. 采矿与安全工程学报, 2018, 35 (5): 1071~1076.

[53] 王新民, 古德生, 张钦礼. 深井开采矿山充填理论与管道输送技术 [M]. 长沙: 中南大学出版社, 2010: 55~56.

[54] 邓代强, 高永涛, 吴顺川, 等. 复杂应力下充填体破坏能耗试验研究 [J]. 岩土力学, 2010, 31 (3): 737~742.

[55] Wu Jiangyu, Feng Meimei, Mao Xianbiao, et al. Particle size distribution of aggregate effects on mechanical and structural properties of cemented rockfill: Experiments and modeling [J]. Construction and Building Materials, 2018, 193: 295~311.

[56] Yan Baoxu, Zhu Wancheng, Hou Chen, et al. Characterization of early age behavior of cemented paste backfill through the magnitude and frequency spectrum of ultrasonic P-wave [J]. Construction and Building Materials, 2020, 249: 118733.

[57] 程爱平, 戴顺意, 张玉山, 等. 胶结充填体损伤演化尺寸效应研究 [J]. 岩石力学与工程学报, 2019 (S1): 3053~3060.

[58] 孔国强. 破碎矸石侧限压缩过程的声发射特征研究 [D]. 徐州: 中国矿业大学, 2019.

[59] 王明旭. 胶结充填体与围岩复合体的力学特性 [D]. 武汉: 武汉科技大学, 2019.

[60] 叶永飞, 张雅楠, 李士超, 等. 循环载荷下胶结充填体损伤声发射表征 [J]. 黄金科学技术, 2018, 6: 819~825.

[61] 王志国, 李柱营, 顾乃满, 等. 充填体与围岩组合模型循环加卸载破裂声发射特征研究 [J]. 金属矿山, 2018, 8: 51~57.

[62] 李杨, 孙光华, 刘祥鑫, 等. 充填体裂纹演化与震源信号耦合关系试验研究 [J]. 河南理工大学学报 (自然科学版), 2019, 38 (4): 10~17

[63] 李杨, 孙光华, 刘祥鑫, 等. 充填体声发射分形特性及损伤演化试验研究 [J]. 实验力学, 2019, 34 (6): 1053~1060.

[64] 李杨, 孙光华, 叶洪涛, 等. 单轴加载下充填体声发射特征研究 [J]. 矿业研究与开发, 2018, 3: 109~112.

［65］程爱平，张玉山，王平，等．胶结充填体应变率与声发射特征响应规律［J］.哈尔滨工业大学学报，2019，51（10）：130~136.

［66］谢勇，何文，朱志成，等．单轴压缩下充填体声发射特性及损伤演化研究［J］.应用力学学报，2015，32（4）：670~676.

［67］刘艳章，李凯兵，李伟，等．充填体单轴压缩峰后应力-应变曲线特征及声发射参数研究［J］.2019（3）：62~67.

［68］刘艳章，李凯兵，黄诗冰，等．单轴压缩条件下尾砂胶结充填体的损伤变量与比能演化［J］.2019，39（6）：1~4，9.

［69］吴恩桥．单轴压缩条件下尾砂胶结充填体损伤破坏过程的比能特征研究［D］.武汉：武汉科技大学，2018.

［70］朱胜唐．钽铌矿尾砂胶结充填体声发射特性及其损伤演化研究［D］.赣州：江西理工大学，2019.

［71］Wang Jie, Fu Jianxin, Song Weidong, et al. Mechanical behavior, acoustic emission properties and damage evolution of cemented paste backfill considering structural feature［J］. Construction and Building Materials, 2020, 261: 119958.

［72］Wu Jiangyu, Feng Meimei, Ni Xiaoyan, et al. Aggregate gradation effects on dilatancy behavior and acoustic characteristic of cemented rockfill［J］. Ultrasonics, 2019（92）: 79~92.

［73］Wu Jiangyu, Feng Meimei, Han Guansheng, et al. Experimental Investigation on Mechanical Properties of Cemented Paste Backfill under Different Gradations of Aggregate Particles and Types and Contents of Cementing Materials［J］. Advances in Materials Science and Engineering, 2019: 1~11.

［74］Wu Jiangyu, Feng Meimei, Chen Zhanqing, et al. Particle Size Distribution Effects on the Strength Characteristic of Cemented Paste Backfill［J］. 2018, 322（8）: 1~21.

［75］Cao Shuai, Erol Yilmaz, Song Weidong, et al. Loading rate effect on uniaxial compressive strength behavior and acoustic emission properties of cemented tailings backfill［J］. Construction and Building Materials, 2019, 213（20）: 313~324.

［76］Zhao Kang, Yu Xiang, Zhu Shengtang, et al. Acoustic emission fractal characteristics and mechanical damage mechanism of cemented paste backfill prepared with tantalum niobium mine tailings［J］. Construction and Building Materials, 2020, 258: 119720.

［77］Zhao Kang, Yu Xiang, Zhou Yun, et al. Energy evolution of brittle granite under different loading rates［J］. International Journal of Rock Mechanics and Mining Sciences, 2020, 132: 104392.

［78］Gong Cong, Li Changhong, Zhao Kui. Study on fractal dimension of acoustic emission during cemented backfill micro crack evolution process［J］. Applied Mechanics and Materials, 2014, 556~562: 236~240.

［79］龚囱，李长洪，赵奎．加卸荷条件下胶结充填体声发射b值特征研究［J］.采矿与安全工程学报，2014（5）：788~794.

［80］Wu Di, Zhao Runkang, Qu Chunlai. Effect of Curing Temperature on Mechanical Performance and Acoustic Emission Properties of Cemented Coal Gangue-Fly Ash Backfill [J]. Geotechnical and Geological Engineering, 2019 37: 3241~3253.

[81] 赵奎, 谢文健, 曾鹏, 等. 不同浓度的尾砂胶结充填体破坏声发射特性试验研究 [J]. 应用声学, 2020 (4): 543~549.

[82] 程爱平, 张玉山, 戴顺意, 等. 单轴压缩胶结充填体声发射参数时空演化规律及破裂预测 [J]. 岩土力学, 2019, 40 (8): 2965~2974.

[83] 徐晓冬, 孙光华, 姚旭龙, 等. 基于能量耗散与释放的充填体失稳尖点突变预警模型 [J]. 岩土力学, 2020, 41 (9): 3003~3012.

[84] 徐晓冬, 孙光华, 张婕好, 等. 基于小波去噪的充填体声发射序列分形特征研究 [J]. 矿业研究与开发, 2018, 38 (2): 20~24.

[85] 梁学健, 孙光华, 徐晓冬. 充填体失稳破坏前兆识别及破坏形式演化规律研究 [J]. 河南理工大学 (自然科学版), 2020, 40 (1): 22~29.

[86] 胡京涛. 尾砂胶结充填体声发射特性试验研究 [D]. 赣州: 江西理工大学, 2011.

[87] 杨天雨. 矿山胶结充填体损伤过程声发射特性研究与应用 [D]. 昆明: 昆明理工大学, 2017.

[88] 谢勇. 单轴压缩与劈裂破坏过程中充填体声发射特性研究 [D]. 赣州: 江西理工大学, 2015.

[89] 张玉山. 胶结充填体变形全过程损伤演化及本构模型研究 [D]. 武汉: 武汉科技大学, 2019.

[90] 刘冬桥. 岩石损伤本构模型及变形破坏过程的混沌特征研究 [D]. 北京: 中国矿业大学 (北京), 2014.

[91] 张力民. 基于宏-细观缺陷耦合的裂隙岩体动态损伤本构模型研究 [D]. 北京: 北京科技大学, 2015.

[92] 胡学龙. 基于统一强度理论的岩石动态损伤本构模型研究 [D]. 北京: 北京科技大学, 2019.

[93] 陈顺满. 压力-温度效应下膏体充填体力学特性及响应机制研究 [D]. 北京: 北京科技大学, 2019.

[94] Vahab Toufigh, Chandrakant S Desai, Dist M ASCE, et al. Constitutive Modeling and Testing of Interface between Backfill Soil and Fiber-Reinforced Polymer [J]. International Journal of Geomechanics, 2014, 14 (3): 04014009.

[95] Mahsa Khosrojerdi, ASCE A M, Tong Qiu, et al. Effects of Backfill Constitutive Behavior and Soil-Geotextile Interface Properties on Deformations of Geosynthetic-Reinforced Soil Piers under Static Axial Loading [J]. International Journal of Geomechanics, 2020, 146 (9): 04020072.

[96] 柯愈贤, 王新民, 张钦礼, 等. 基于全尾砂充填体非线性本构模型的深井充填强度指标 [J]. 东北大学学报 (自然科学版), 2017, 38 (2): 280~283.

[97] 程爱平, 张玉山, 董福松, 等. 考虑空隙非线性变形的胶结充填体损伤软化本构模型研究 [J]. 金属矿山, 2019, 518 (8): 13~21.

[98] Yang Lei, Xu Wenbin, Erol Yilmaz, et al. A combined experimental and numerical study on

the triaxial and dynamic compression behavior of cemented tailings backfill [J]. Engineering Structures, 2020, 219: 110957.

[99] Qi Congcong, Chen Qiusong, Andy Fourie, et al. Constitutive modelling of cemented paste backfill: A data-mining approach [J]. Construction and Building Materials, 2019, 197: 262~270.

[100] Fu Jianxin, Wang Jie, Song Weidong. Damage constitutive model and strength criterion of cemented paste backfill based on layered effect considerations [J]. Journal of Materials Research and Technology, 2020, 9 (3): 6073~6084.

[101] Yu Genbo, Yang Peng, Chen Yingzhou. Study on Damage Constitutive Model of Cemented Tailings Backfill under Uniaxial Compression [J]. Applied Mechanics and Materials, 2013, 353~356: 379~383.

[102] Gao R, Zhou K, Yang C. Damage mechanism of composite cemented backfill based on complex defects influence [J]. Materials Science & Engineering Technology, 2017, 48 (9): 893~904.

[103] 周科平, 刘维, 周彦龙, 等. 不同渗透力的类充填体力学特性及损伤软化本构模型研究 [J]. 岩土力学, 2019, 40 (10): 3724~3732.

[104] Qiu J P, Yang L, Xing J, et al. Analytical Solution for Determining the Required Strength of Mine Backfill Based on its Damage Constitutive Model [J]. Soil Mechanics and Foundation Engineering, 2018, 54 (6): 371~376.

[105] 邓代强, 姚中亮, 唐绍辉, 等. 单轴压缩作用下充填体损伤本构模型研究 [J]. 土工基础, 2006, 20 (3): 53~55.

[106] 吴珊, 宋卫东, 张兴才, 等. 全尾砂胶结充填体弹塑性本构模型实验研究 [J]. 金属矿山, 2014, 452 (2): 30~35.

[107] 王勇, 吴爱祥, 王洪江, 等. 初始温度条件下全尾胶结膏体损伤本构模型 [J]. 工程科学学报, 2017, 39 (1): 31~38.

[108] 程爱平, 戴顺意, 舒鹏飞, 等. 考虑应力水平和损伤的胶结充填体蠕变特性及本构模型研究 [J]. 煤炭学报, 2021, 46 (2): 439-449.

[109] 郭瑞凯, 丁建华, 赵奎, 等. 充填体的分数阶微积分蠕变本构模型及其在FLAC3D中的开发应用 [J]. 中国钨业, 2017, 32 (5): 27~31.

[110] Sun Qi, Li Bing, Tian Shuo, et al. Creep properties of geopolymer cemented coal gangue-fly ash backfill under dynamic disturbance [J]. Construction and Building Materials, 2018, 191: 644~654.

[111] 孙琦, 张向东, 杨逾. 膏体充填开采胶结体的蠕变本构模型 [J]. 煤炭学报, 2013, 38 (6): 994~1000.

[112] 利坚. 全尾砂胶结充填体的蠕变特征及长期强度试验研究 [D]. 赣州: 江西理工大学, 2018.

[113] 邹威, 赵树果, 张亚伦. 全尾砂胶结充填体蠕变损伤破坏规律研究 [J]. 矿业研究与开发, 2017, 37 (3): 47~50.

［114］赵树果，苏东良，张亚伦，等. 尾砂胶结充填体蠕变试验及统计损伤模型研究［J］. 金属矿山，2016，479（5）：26~30.

［115］郭皓，刘音，崔博强，等. 充填膏体蠕变损伤模型研究［J］. 矿业研究与开发，2018，38（3）：104~108.

［116］Li Li. Analytical solution for determining the required strength of a side-exposed mine backfill containing a plug［J］. Canadian geotechnical journal，2014，51（5）：508~519.

［117］Li Li，Michel Aubertin. A modified solution to assess the required strength of exposed backfill in mine stopes［J］. Canadian geotechnical journal，2012，49（8）：994~1002.

［118］Duncan J M，Wright S G. Soil strength and slope stability［M］. Hoboken：John Wiley & Sons，2005.

［119］Mitchell R J，Olsen R S，Smith J D. Model studies on cemented tailings used in mine backfill［J］. Canadian Geotechnical Journal，1982，19（1）：14~28.

［120］Smith J D，De Jongh C L，Mitchell R J. Large scale model tests to determine backfill strength requirements for pillar recovery at the Black Mountain Mine［J］. Mining with Backfill，1985，22（3）：413~423.

［121］Abtin J，Michel A，Li Li. Three-dimensional stress state in inclined backfilled stopes obtained from numerical simulations and new closed-form solution［J］. Canadian Geotechnical Journal，2018，55（6）：810~828.

［122］Li Li，Michel A. Numerical Investigation of the Stress State in Inclined Backfilled Stopes［J］. International Journal of Geomechanics，2009，9（2）：52~62.

［123］Dirige A P E，McNearny R L，Thompson D S. The effect of stope inclination and wall rock roughness on backfill free face stability［C］//In：Rock Engineering in Difficult Conditions：Proceedings of the 3rd Canada-US Rock Mechanics Symposium，Toronto，2009，9~15.

［124］Karim R，Simangunsongb G M，Sulistiantocand B，et al. Stability analysis of paste fill as stope wall using analytical method and numerical modeling in the kencana underground gold mining with long hole stope method［C］. Procedia Earth and Planetary Science，2013，6：474~484.

［125］Dorricott M，Grice A. lmpact of stope geometry on baekfill systems for bulk mining［J］. Australasian Institute of Mining and Metallurgy，2000：705~711.

［126］Feschken P，Rainer C. Cost-saving backfilling in lead mines［J］. Bulk Solids Handling，1994，14（1）：151~153.

［127］Mitchell R J. Effect of stope geometry on fill stability［C］// Poreeedings of the 41st Canadian Geotechnical Conference，1998：8~15.

［128］Mikula P A，Lee M F. Bulk low-grade mining at Mount Charlotte mine［C］// Australasian Institute of Mining and Metallurgy Publisher，2000：623-635.

［129］吴姗. 大冶铁矿崩落转充填法联合高效安全开采技术及应用［D］. 北京：北京科技大学，2014.

［130］Koohestani B，Darban A K，Mokhtari P. A comparison between the influence of superplasticizer and organosilanes on different properties of cemented paste backfill [J]. Construction and Building Materials, 2018, 173 (10): 180~188.

[131] Yilmaz E. Stope depth effect on field behaviour and performance of cemented paste backfills, International Journal of Mining [J]. Reclamation and Environment, 2018, 32 (4): 273~296.

[132] Liu Z X, Lan M, Xiao S Y, et al. Damage failure of cemented backfill and its reasonable match with rock mass [J]. Transactions of Nonferrous Metals Society of China, 2015, 25 (3): 954~959.

[133] Yu G B, Yang P, Chen Y Z. Study on Damage Constitutive Model of Cemented Tailings Backfill under Uniaxial Compression [J]. Applied Mechanics and Materials, 2013, 353-356: 379~383.

[134] Gao R, Zhou K, Yang C. Damage mechanism of composite cemented backfill based on complex defects influence [J]. Materialwissenschaft und Werkstofftechnik, 2017, 48: 893~904.

[135] Yin S H, Shao Y J, Wu A X, et al. Expansion and strength properties of cemented backfill using sulphidic mill tailings [J]. Construction and Building Materials, 2018, 165 (20): 138~148.

[136] Cao S, Yilmaz E, Song W D. Dynamic response of cement-tailings matrix composites under SHPB compression load [J]. Construction and Building Materials, 2018, 186: 892~903.

[137] Wu J Y, Jing H W, Yin Q, et al. Strength and ultrasonic properties of cemented waste rock backfill considering confining pressure, dosage and particle size effects [J]. Construction and Building Materials, 2020, 242: 118132.

[138] Kesimal A, Yilmaz E, Ercikdi B, et al. Effect of properties of tailings and binder on the short-and long-term strength and stability of cemented paste backfill [J]. Materials Letters, 2005, 59 (28): 3703~3709.

[139] Zhang Y H, Wang X M, Wei C, et al. Dynamic mechanical properties and instability behavior of layered backfill under intermediate strain rates [J]. Transactions of Nonferrous Metals Society of China, 2017, 27: 1608~1617.

[140] Cao S, Song W D, Yilmaz E. Influence of structural factors on uniaxial compressive strength of cemented tailings backfill [J]. Construction and Building Materials, 2018, 174: 190~201.

[141] Cao S, Song W D. Effect of filling interval time on the mechanical strength and ultrasonic properties of cemented coarse tailing backfill [J]. International Journal of Mineral Processing, 2017, 166: 62~68.

[142] Cao S, Erol Y, Song W D. Fiber type effect on strength, toughness and microstructure of early age cemented tailings backfill [J]. Construction and Building Materials, 2019, 223: 44-54.

[143] Wang J, Song W D, Cao S, et al. Mechanical properties and failure modes of stratified backfill under triaxial cyclic loading and unloading [J]. International Journal of Mining

Science and Technology, 2019, 29: 809~814.

[144] Wang Jie, Fu Jian, Song Weidong. Mechanical properties and microstructure of layered cemented paste backfill under triaxial cyclic loading and unloading [J]. Construction and Building Materials, 2020, 257: 119540.

[145] Xu W B, Cao Y, Liu B H. Strength efficiency evaluation of cemented tailings backfill with different stratified structures [J]. Engineering Structures, 2019, 180: 18~28.

[146] ASTM. Standard guide for computed tomography (CT) imaging, ASTM designation E1441—92a. Annual book of ASTM standards, section 3: metals test methods and analytical procedures [J]. Philadelphia, Unites States: American Standards of Testing materials (ASTM), 1992: 690~713.

[147] Ketcham R, Carlson W. Acquisition, optimization and interpretation of X-ray computed tomographic imagery: applications to the geosciences [J]. Comput Geosci, 2001, 27: 381~400.

[148] Wang J, Ning J G, Jiang J Q, et al. Structural characteristics of strata overlying of a fully mechanized longwall face: A case study [J]. J. S. Afr. I. Min. Metall., 2018, 118: 1195~1204.

[149] Tan Y L, Gu Q H, Ning J G, et al. Uniaxial Compression Behavior of Cement Mortar and Its Damage-Constitutive Model Based on Energy Theory [J], Materials, 2019, 12 (8): 1309.

[150] 宋卫东, 汪杰, 谭玉叶, 等, 三轴加-卸载下分层充填体能耗及损伤特性 [J]. 中国矿业大学学报, 2017, 46 (5): 1050~1057.

[151] 孙雪, 李二兵, 段建立, 等. 北山花岗岩三轴压缩下声发射特征及损伤演化规律研究 [J]. 岩石力学与工程学报, 2018, 37 (增2): 4234~4244.

[152] 向高, 李建锋, 李天一, 等. 基于声发射的盐岩变形破坏过程的分形与损伤特征研究 [J]. 岩土力学, 2018, 39 (8): 2905~2912.

[153] 王常彬, 曹安业, 井广成, 等. 单轴受载下岩体破裂演化特征的声发射 CT 成像 [J]. 岩石力学与工程学报, 2016, 35 (10): 2044~2053.

[154] 孙光华, 魏莎莎, 刘祥鑫. 基于声发射特征的充填体损伤演化研究 [J]. 实验力学, 2017, 32 (1): 137~144.

[155] 刘希灵, 潘梦成, 李夕兵, 等. 动静加载条件下花岗岩声发射 b 值特征的研究 [J]. 岩石力学与工程学报, 2017, 36 (增1): 3148~3155.

[156] 苏晓波, 纪洪广, 权道路, 等. 劈裂条件下岩石应变空间变异性与 b 值关系 [J]. 煤炭学报, 2020, 45 (S1): 239~246.

[157] Zhao Kang, Yu Xiang, Zhu Shengtang, et al. Acoustic emission investigation of cemented paste backfill preparedwith tantalum-niobium tailings [J]. Construction and Building Materials, 2020, 237: 117523.

[158] Wu Jiangyu, Feng Meimei, Han Guansheng, et al. Loading rate and confining pressure effect on dilatancy, acoustic emission, and failure characteristics of fissured rock with two pre-existing flaws [J]. Comptes Rendus Mecanique, 2019, 347: 62~89.

[159] Cao Anye, Jing Guangcheng, Ding Yanlu, et al. Mining-induced static and dynamic loading rate effect on rock damage and acoustic emission characteristic under uniaxial compression [J]. Safety Science, 2019, 116: 86~96.

[160] Du Feng, Wang Kai, Wang Gongda, et al. Investigation of the acoustic emission characteristics during deformation and failure of gas-bearing coal-rock combined bodies [J]. Journal of Loss Prevention in the Process Industries, 2018, 55: 253~266.

[161] 胡新亮, 马胜利, 高景春, 等. 相对定位方法在非完整岩体声发射定位中的应用 [J]. 岩石力学与工程学报, 2004, 23 (2): 277~283.

[162] GEIGER L. Probability method for the determination of earthquake epicenters from the arrival time only [J]. Bulletin of St. Louis University, 1912, 8 (1): 60~71

[163] 赵兴东, 刘建坡, 李元辉, 等. 岩石声发射定位技术及其试验验证 [J]. 岩土工程学报, 2008, 30 (10): 1472~1476.

[164] 李浩然, 杨春和, 刘玉刚, 等. 单轴荷载作用下盐岩声波与声发射特征试验研究 [J]. 岩石力学与工程学报, 2014, 33 (10): 2107~2116.

[165] 卓毓龙, 陈辰, 曹世荣, 等. 声发射信号与尖点突变模型预测岩爆 [J]. 辽宁工程技术大学学报 (自然科学版), 2017, 36 (10): 1065~1069.

[166] 李兴伟. 工作面冲击地压声发射模式与应用 [D]. 青岛: 山东科技大学, 2004.

[167] 杨远清. 声发射技术在采空区岩体稳定性预测预报中的应用研究 [D]. 昆明: 昆明理工大学, 2009.

[168] 程爱平. 底板采动破坏深度微震实时获取与动态预测及应用研究 [D]. 北京: 北京科技大学, 2014.

[169] 赵树果, 苏东良, 吴文瑞, 等. 基于 Weibull 分布的充填体单轴压缩损伤本构模型研究 [J]. 中国矿业, 2017, 26 (2): 106~111.

[170] 刘志祥, 刘青灵, 党文刚. 尾砂胶结充填体损伤软-硬化本构模型 [J]. 山东科技大学学报 (自然科学版), 2012, 31 (2): 36~41.

[171] 张发文. 矿渣胶凝材料胶结矿山尾砂充填性能及机制研究 [D]. 武汉: 武汉大学, 2009.

[172] 王俊. 空场嗣后充填连续开采胶结体强度模型及其应用 [D]. 昆明: 昆明理工大学, 2017.

[173] 刘志祥. 深部开采高阶段尾砂充填体力学与非线性优化设计 [D]. 长沙: 中南大学, 2005.

[174] He Haoxiang, Han Enzhen, Cong Maolin. Constitutive Relation of Engineering Material Based on SIR Model and HAM [J]. Journal of Applied Mathematics, 2014: 1~13.

[175] 周家伍, 刘元雪, 李忠友. 基于能量方法的结构性土体损伤演化规律研究 [J]. 岩土工程学报, 2013, 35 (9): 1689~1695.

[176] 崔涛, 何浩祥, 闫维明, 等. 混杂纤维水泥基复合材料受压损伤本构模型及试验验证 [J]. 材料导报, 2019, 33 (10): 3413~3418.

[177] Mitchell R J, Olsen R S, Smith J D. Model studies on cemented tailings used in mine backfill

［J］. Canadian Geotechnical Journal，1982，19（1）：14~28.

［178］ Li L，Aubertin M. A modified solution to assess the required strength of exposed backfill in mine stopes ［J］. Canadian Geotechnical Journal，2012，49（8）：994~1002.

［179］ 刘光生，杨小聪，郭利杰. 阶段空场嗣后充填体三维拱应力及强度需求模型 ［J］. 煤炭学报，2019，44（5）：1391~1403.

［180］ 张常光，蔡明明，祁航，等. 考虑充填顺序与后壁黏结力的采场充填计算统一解 ［J］. 岩石力学与工程学报，2019，38（2）：226~236.

［181］ Arioglu E. Design aspects of cemented aggregate fill mixes for tungsten stoping operations ［J］. Mining Science and Technology，1984，1（3）：209~214.

［182］ Askew J E，McCarthy P L，Fitzgerald D J. Backfill research for pillar extraction at ZC/NBHC ［C］. In：Mining with Backfil，12 Canadian Rock Mechanics Symposium，23-25 May 1978，Sudbury，CIM 1978，100~110.